中国工程院重大咨询研究项目

海上风电支撑我国能源转型发展战略研究丛书

# 海上风电工程技术发展战略研究

周绪红　龙　勇　赵艳玲　王宇航　柯　珂　黄小刚　著

科学出版社

北　京

## 内 容 简 介

本书是研究我国海上风电工程技术发展战略的著作，共分为六章。第1章总结了国内外海上风电行业发展状况，第2章介绍了我国海上风电工程关键技术与国际领先水平的差距，第3章分析了我国海上风电工程战略目标与技术需求，第4章明确了我国海上风电工程建设亟待突破的关键工程技术和基础理论问题，第5章提出了我国海上风电工程关键技术发展的路径，第6章为政府和行业提供了海上风电工程技术发展的政策建议。本书内容丰富，汇集分析了大量调查资料和众多专家咨询意见，是全国相关领域一流专家群体智慧的体现，也是作者对我国海上风电工程技术发展战略的思考。

本书适于从事海上风电工程技术开发与产业实践的工程技术人员、管理人员和行业主管部门人员参考，也可供关心该领域及国家能源工程技术发展的高校师生、从业人员阅读。

**图书在版编目（CIP）数据**

海上风电工程技术发展战略研究/周绪红等著. -- 北京：科学出版社，2024. 11. -- ISBN 978-7-03-079543-4

Ⅰ. TM62

中国国家版本馆CIP数据核字第20249AK469号

责任编辑：范运年　王楠楠／责任校对：王萌萌

责任印制：师艳茹／封面设计：陈　敬

科学出版社出版

北京东黄城根北街16号

邮政编码：100717

http://www.sciencep.com

北京厚诚则铭印刷科技有限公司印刷

科学出版社发行　各地新华书店经销

*

2024年11月第　一　版　开本：720×1000　1/16

2024年11月第一次印刷　印张：9

字数：200 000

**定价：98.00元**

（如有印装质量问题，我社负责调换）

# 海上风电支撑我国能源转型发展战略研究
# 丛书编委会

# “海上风电支撑我国能源转型发展战略研究”丛书序

2019 年 9 月，中国工程院启动了“海上风电支撑我国能源转型发展战略研究”重大咨询研究项目，旨在对我国正在起步阶段的海上风电这一新兴领域，开展技术和产业发展趋势、存在的问题、国内外发展情况比较及产业政策制定等重大问题的研究。项目由刘吉臻院士牵头，杜祥琬院士、谢克昌院士、赵宪庚院士、李阳院士等担任顾问。项目设置七个课题，分别由刘吉臻院士、李立涅院士、郭剑波院士、汤广福院士、周绪红院士、黄其励院士、郑健超院士担任课题负责人。另外，韩英铎院士、陈勇院士、岳光溪院士、顾大钊院士、舒印彪院士、饶宏院士等以及来自中国工程院、大学院校、科研机构和重点企业等单位的上百位专家参加了本项目的研究工作。

七个课题的任务分工如下。

课题一“我国海上风电发展战略与综合规划研究”，负责项目总体协调、综合集成，制定海上风电发展的总体战略。

课题二“大规模海上风电开发对我国电网格局影响研究”，重点研究海上风电发展对我国电网格局特别是“西电东送”战略实施的影响。

课题三“大规模海上风电组网规划及消纳方式研究”，重点研究海上电网的发展趋势及未来形态，以保障海上风电的可靠、高效并网与送出。

课题四“海上风电装备技术发展战略研究”，重点研究提出待解决和突破的关键技术装备发展路线和战略，支撑海上风电发展。

课题五“海上风电工程技术发展战略研究”，重点研究提出待解决和突破的海上工程建设关键技术和装备发展战略，为海上风电工程实施提供技术支撑。

课题六“海上风电与新兴产业协调发展战略研究”，重点研究海上风电产业发展趋势、规模及其对其他行业的带动能力。

课题七“海上风电发展的技术经济性研究”，重点研究海上风电发展的技术经济性以及政策支持作用。

项目研究历时三年。其间，我国海上风电发展迅速，取得了历史性成就与重大突破。2019 年我国海上风电装机总量仅 593 万 kW；2021 年达到 2639 万 kW，超过英国跃居海上风电总装机世界第一；2023 年达到 3729 万 kW，占世界海上风电总装机半壁江山。目前我国已经批量生产 16MW 以上的海上风电机组，风电机组叶片最大长度超过 130m，为全球领先；我国海上风电研发已具备全球竞争力，装备制造全球领先，叶片、齿轮箱、发电机、固定式基础设施等的产能占全球市场比重均超过 60%。我国沿海 11 省市均提出了“十四五”期间海上风电发展计划，开工或规划的海上风电总规模已接近 1.1 亿 kW。

项目组在研究工作期间，收集了大量国内外海上风电相关资料，召开了多次专题研讨会，组织了一系列实地考察，特别是深入到江苏、福建海上施工现场、海上升压站和运行控制中心进行考察调研，与一线工程技术人员进行座谈交流，掌握第一手资料，通过分析提炼，得出了理论联系实际的研究结果。

本丛书是在项目研究成果的基础上编撰完成的，共分成四卷。

《海上风电支撑我国能源转型发展战略研究（综合卷）》是项目综合组（课题一）在项目层面对课题研究成果的系统梳理与深化研究，是各课题研究成果的集中体现，重点分析发展海上风电的重要性和必要性，分析推动海上风电大规模发展必须解决的重大问题，形成了海上风电支撑我国能源转型发展的战略思路，提出了重大举措。

《大规模海上风电开发影响及其并网消纳》是在课题二和课题三研究成果的基础上编撰而成的，重点分析大规模海上风电开发对我国未来电网格局的影响，梳理未来我国海上风电典型场景、组网送出技术和消纳情况，并提出了相关政策建议。

《海上风电工程技术发展战略研究》是在课题五研究成果的基础上编撰而成的，从勘察工程、结构工程、岩土工程、施工建造、运营维护五个维度刻画我国海上风电工程关键技术体系框架，系统地总结我国海上风电工程技术领域的战略目标、技术需求和发展路径，提出适用于我国未来海上风电工程发展的政策体系。

《大规模海上风电工程应用技术》是在课题四、课题六和课题七等研究基础上，系统梳理了海上风电资源评估、关键部件、支撑结构设计方法、电气系统、运行与控制、智慧运维、生产管理等方面关键技术，并结合典型海上风电工程案例，提出了有针对性的措施与建议。

海上风电作为新型电力系统的重要组成部分，具有资源储量大、不占用陆地资源、与负荷中心距离短以及便于消纳等特点，适合大规模开发，有望成为沿海地区未来主力电源之一，为我国东部沿海发达地区能源结构转型和能源安全保障提供重要的战略性支撑。

当前海上风电行业仍处于商业化发展前期，针对海上风电发展的研究还处于起步阶段。本丛书是一次大胆的探索与尝试，希望能起到抛砖引玉的作用。丛书的编辑出版过程历时近三年，编委会多次研讨，数易其稿，但限于作者水平，难免存在不妥之处，真诚希望专家和读者对丛书提出批评和指正。

2024 年 7 月

# 前　言

发展风电是推动我国发电技术进步和产业升级、促进国家能源结构转型的重要举措。海上风电具有发电效率高、机组运行稳定、不占用土地等优势，是我国风电开发的重要方向。海上风电的发展前景广阔，但也面临着巨大的挑战。

本书对我国海上风电工程关键技术体系框架进行了系统梳理，以大量专家问卷和文献分析为基础，从勘察工程、岩土工程、结构工程、施工建造和运营维护五个维度，明确了我国海上风电工程技术领域的战略目标、技术需求和发展路径，提出了适用于我国未来海上风电工程发展的政策体系。

本书在撰写中得到了风电行业各单位的大力支持，在此一并感谢！限于作者的学术水平与分析能力，书中的疏漏与不足之处在所难免，作者真诚欢迎广大读者通过多种方式就书中问题进行交流与指正。

作　者

2023 年 12 月 6 日

# 目　　录

# 第 1 章

# 我国海上风电工程技术发展战略研究的背景、目的与意义

# 1.1 研究背景

## 1.1.1 国外海上风电行业发展状况

国际能源署（IEA）2019 年 10 月 25 日表示，海上风能可能将成为欧洲最大的单一电力来源，预计到 2040 年，全球的风力发电量将增长 15 倍[1]。为应对气候变化，国家主席习近平在第七十五届联合国大会一般性辩论上提出“二氧化碳排放力争于 2030 年前达到峰值，努力争取 2060 年前实现碳中和”①。世界其他国家和地区也制定了“碳中和”目标[2]。在“碳中和”目标下，一场以大力开发利用可再生能源为主题的能源革命正在大势兴起，海上风电在这一目标中必将“担当大任”，迎来大好的发展趋势[3]。

目前，虽然世界上许多国家都在大力发展海上风电，但欧洲仍然是全球海上风能资源利用最充分的地区和海上风电发展全球领跑区域，同时也是全球海上风电产业和技术的核心地区，在海上风电技术研发和应用方面一直保持领先优势。其中，英国海上风电装机容量最大，2020 年占全球总装机容量的 33%；德国海上风电装机容量第二，占全球总装机容量的 26%。到 2030 年，欧洲装机容量预计将达到 70.35GW[1]。2020 年 7 月，总部位于德国多特蒙德的输电运营商 Amprion 公布了一个关于海上风电项目并网的全新计划——欧洲海上风电母线（European Offshore Busbar），旨在为海上风电建立专用的海上电网，降低并网成本，为德国和欧洲其他国家的气候目标做出贡献。目前，已有七家输电运营商（TSO）签署谅解备忘录，启动此项具有里程碑意义的计划，以互联整个欧洲的海上风电平台[4]。在欧洲，受“欧洲绿色协议”等激励政策影响，2021～2030 年将新增 248GW 风电装机容量[5]。

欧洲风能协会（WindEurope）发布了 2020 年度欧洲海上风电统计数据，以荷兰、比利时、英国、德国和葡萄牙为例，2020 年海上风电新增装机 291.8 万 kW，比 2019 年减少了 70 多万千瓦的新增规模，但累计装机仍超过了 25GW 大

① 新华社. 习近平在第七十五届联合国大会一般性辩论上发表重要讲话[EB/OL]. (2020-09-22)[2023-12-23]. https:// www.gov.cn/xinwen/2020-09/22/content_5546168.htm?gov.

关，最终达到 2501.4 万 kW 的规模。统计显示，欧洲 2019 年新增并网风电机组 356 台，涉及 12 座海上风电场、5 个国家。其中，荷兰以 1493MW，超过一半的新增装机首次占据欧洲新增装机榜首，这得益于 Borssele 1～5 风电集群的陆续投产。排在第二位的是拥有 706MW 新增规模的比利时，占新增装机的 24.2%，比上一年增加一倍；而常年稳居欧洲新增装机榜首的英国滑落到第三位，只有 483MW 并网；德国 237MW 的新增装机也创造了十年来的最低水平；虽然葡萄牙只有新增 17MW 的容量，但给整个海上风电圈带来了惊喜，Windfloat Atlantic 并网了 2 台维斯塔斯风力技术集团 8.5MW 漂浮式风电机组，把漂浮式风电向商业化又推进了一步[6]。

近年来，除了欧洲，世界其他国家也开始大力发展海上风电，比较有代表性的是美国、日本、韩国和越南，在海上风电工程技术和政府政策的大力支持下，世界各国海上风电将会得到迅速发展。

### 1. 部分国家海上风电发展状况

#### 1）英国

英国是世界上海洋风能资源最丰富的国家之一，2020 年英国海上风电装机容量最大，占全球总装机容量的 33%[1]，预计在 2030 年英国装机容量将达到 40GW[7,8]。英国作为目前全球范围内漂浮式风电机组推广力度较大的国家[9]，在 2017 年投产了 Hywind Scotland 项目，实现了漂浮式风电机组商业化的突破，标志着大型漂浮式风电场时代的到来。该项目位于英国苏格兰北海，装机容量为 30MW，共布置 5 台 SWT-6.0-154 风电机组，已正式投运 5 年多时间，采用单立柱式漂浮式基础结构。2019 年，英国政府制定海上风电产业战略，明确提出海上风电装机容量将在 2030 年前达到 3000 万 kW，满足全国 1/3 的电力需求[10]。

英国海上风电业发展迅速，这与政府的积极政策支持是分不开的，具体政策如下[11-14]。

（1）英国政府于 2002 年开始实施可再生能源义务（RO）政策，提出电力供应增长部分按比例配备可再生能源，从 2003 年的 5%到 2010 年的 10%，根据购买的绿色电力，供应商将获得可再生能源公约认证。

（2）2002 年，设置维持英国可再生能源义务制度运行的主要机构。

（3）2003 年，英国贸易工业部发布能源白皮书。投资补贴方面，RO 制度下

1MW·h 海上风电获得的可再生能源义务证书数量始终高于其他可再生能源种类；技术研发补贴方面，英国政府 2009 年宣布向海上风电领域相关的技术研发投资 1.2 亿英镑，吸引了国外的风电企业在英国设立研发中心。

（4）2011 年，英国贸易工业部发布《2011 电力系统改革白皮书》，开始酝酿以促进低碳电力发展为核心的新一轮电力市场化改革。

（5）2011 年，英国政府制定海上风电零部件技术研发和展示计划。成立了国家级的海上可再生能源技术和创新中心，明确在 2011～2016 年这 5 年内提供 3000 万英镑支持海上风电技术创新；在税收和金融方面，英国政府对可再生能源生产的电力免征气候变化税，投资 10 亿英镑成立绿色投资银行，为海上风电项目开发和运营提供了金融保障。

（6）2012 年，英国政府颁布《能源改革法案》。着手改革可再生能源政策，提出了 RO 制度向差价合约固定电价制度过渡的方案和初步框架，新的差价合约固定电价制度是指政府成立的低碳合约公司与发电企业签订长期合同，如果市场电价低于合约价，则政府补贴两者的差价，如果市场电价高于合约价，则发电企业返还差价。差价合约固定电价制度减少了价格波动，为市场提供了稳定、清晰的价格预期。

（7）2014 年，英国政府制定电力差价合同（CfD）机制，CfD 机制具有双向付费的功能。其运作方式如下：当市场价格低于合同价格时，交易对手向发电商付费；当市场价格高于合同价格时，发电商将差额部分返还给交易对手。CfD 机制在 2014～2017 年实施，该机制使得低碳电力投资者的投资回报具有确定性，让投资者在未来几十年中能够获得稳定的投资收益。

（8）2019 年，英国商业、能源和工业战略部（BEIS）制定《海上风电产业协议》。《海上风电产业协议》旨在进一步促进英国海上风电发展，助推英国到 2030 年实现 30GW 海上风电容量的目标，确保英国继续保持全球海上风电行业的领先地位，改善英国行业供应链情况。

（9）在“2050 年净零排放”这一战略目标的推动下，英国又推出了“2030 年全民风电”计划，即到 2030 年用海上风电为全英所有家庭提供电力[15]。

2）德国

2020 年报告显示，德国海上风电的发展仅次于英国，占全球总装机容量的 26%[1]。相比前些年，风电机组尺寸和单机容量有了显著的提升，2018 年并网风电机组的平均单机容量都在 7MW 以上。同时新建风电场离岸距离最远超过

100km，平均安装水深最深为 40m。风电机组基础方面，以固定式基础为主，其中单桩式基础使用量位居第一，其次是导管架基础。截至 2017 年 6 月底，德国所有已吊装机组的平均单机容量为 4.826MW，平均风轮直径达到 126m，平均轮毂高度为 92m，平均离岸距离为 65km，平均水深则达到 29m。2017 年上半年全部新增机组所处的平均水深为 35m，同比增加 16%[16]。2018 年 9 月 25 日，三菱重工-维斯塔斯（MHI Vestas）在德国汉堡国际风能展发布了全球风电史上最大的风力发电机组 V164-10.0MW[17]。2020 年 5 月 20 日，西门子歌美飒宣布推出有史以来最大容量的风电机组——基于 14MW 平台“1X”的 SG14.0-222DD 海上风电机组，一举反超通用电气公司（GE），重夺海上风电单机容量霸主的地位[18]。

3）丹麦

世界上第一个海上风电场是丹麦的埃伯尔措夫特 （Ebeltoft）风电场。这个风电场坐落于埃伯尔措夫特市的轮檀码头附近的海面上，1985 年 6 月 28 日建成发电。2000 年，丹麦政府在哥本哈根湾建设了世界上第一个具有商业化意义的海上风电场，安装了 20 台 2MW 的海上风电机组。此后，世界各国开始考虑海上风电的商业化开发。在 2005 年前，丹麦兴建了 5 个海上风电场，每个风电场规模约为 150MW，加上其他已建项目累计约为 750MW。丹麦的 HomsRev 和 Nysted 海上风电场规模达 500MW。截至 2011 年底，丹麦海上风电累计装机容量达到 857.5MW[19]，占当时欧洲累计装机容量的五分之一，到 2012 年海上风力发电已达近 1GW（100 万 kW）[20]。近日，丹麦埃斯比约港已获准进行大规模扩建，该港口将新增超过 500000m$^2$ 的面积，以容纳海上风电活动①。

丹麦海上风电的发展离不开政府的政策保障，具体政策如下[12,21]。

（1）政府为企业做好初期海上风电场的调研工作，作为公共服务，以降低海上风电开发成本，同时有助于企业的投资决策。

（2）由政府部门为企业的投资、规划和建设提供一站式服务，提高开发效率。

（3）由政府部门牵头进行前期的环境和选址协商，避免后期由于开发涉及各利益主体，影响开发进度，从而降低企业开发的风险。

（4）政府通过引入招标竞价机制推动丹麦海上风电场电价不断下降，从而也

① Offshore WIND. Port of Esbjerg gets go-ahead for new expansion to accommodate offshore wind activities[EB/OL]. (2021-09-27)[2023-08-03]. https://www.offshorewind.biz/2021/09/27/port-of-esbjerg-gets-go-ahead-for-new-expansion-to-accommodate-offshore-wind-activities.

带动了海上风电的应用推广。

（5）1997 年，丹麦政府制定《海上风电场行动规划》，确定海上风电的竞争力，选定 5 个发展区域，建立示范性海上风电场。

（6）2004 年，丹麦政府制定《2025 能源战略》，确定海上风电为丹麦风电的主要发展方向。

（7）2020 年，丹麦公布了多个“能源岛”计划，每个岛至少支持 10GW 的海上风电装机容量。2020 年 6 月 22 日，政府及多数议会议员签署了一份目标远大的气候协议，有意将丹麦海上风电场的发展推上一个新的台阶。新协议要求在 2030 年之前，建成两个能源岛，新增装机 5GW[22]。

4）比利时

2020 年 1 月 14 日，全球最大的商用海上风电机组 MHI Vestas V164-9.5MW 在比利时海域 Northwester 2 海上风电场正式发电，这是当时投入规模最大的商用风电机组。Northwester 2 是世界上第一个部署 MHI Vestas V164-9.5MW 风电机组的海上风电场，总装机容量为 219MW。该项目将由 23 台 MHI Vestas V164- 9.5MW 风电机组组成，这些风电机组将安装在比利时奥斯坦德（Ostend）海岸外 50km 左右处[23]。

5）荷兰

荷兰一直致力于研究、创新和建造优秀的海上风电场，2020 年荷兰在运营风电场超过 1GW，并有望在 2030 年达到 11.5GW 的装机容量[24]。

荷兰政府高度重视海上风电的发展，在政策方面，荷兰政府为海上风电的发展提供了有力的支持，具体政策如下[25]。

（1）荷兰政府使用“可持续能源生产激励计划”（SDE+）来支持投标和补贴立法。

（2）荷兰风电公司需要竞标来取得国家分配的项目。

（3）政府制定并规范化所有建设风电场的一切条件，并承担几乎所有的前期工作风险，从而达到了大大降低成本的效果。

（4）荷兰政府制定了完善的法律框架，包括所有所需的步骤、文件和相关的法规来简化整个过程。

（5）荷兰企业局负责提供所有必要的现场研究和数据，并保证这些数据的高质量性。

（6）国家电网运营商 TenneT 负责建设海上风电场所需要的电网连接。

（7）2013 年荷兰政府制定《海上风电 10 年规划》。

6）挪威

挪威国家石油公司已在英国 Hywind 漂浮式风电场中成功安装了 5 台 6MW 风电机组。Hywind 漂浮式风电场是世界上最大的漂浮式海上风电项目，离岸大约 25km，水深 90～120m，位于北海，布置了 11 台 SWT-8.0-154 风电机组，主要为油气平台供电，采用 Spar（单柱式）漂浮式基础[26]。目前，挪威拥有挪威国家石油公司、DNV GL 船级社（原挪威船级社）和挪威科技工业研究所等一系列实力雄厚的企业和科研机构，在漂浮式海上风电场研发、设计和建设中具有一定的优势。2020 年 4 月，挪威成功安装 10MW 以上的漂浮式风电机组[17]。2020 年中期，挪威海上风电按下“重启键”，宣布开放两片新海域，用以开发海上风电，合计容量为 4.5GW[27]。挪威政府于 2021 年 6 月 11 日发布一份能源白皮书，对挪威海上风电行业的发展产生了重大影响，首次阐明挪威首批海上风电场的审批程序。

7）法国

法国在海洋工程领域长期的积累使其在漂浮式风电机组的研发方面大有赶超周边国家的趋势[9]，2018 年 9 月，法国第一台海上风电机组正式开始并网发电，宣告法国海上时代正式开启[28]。全球风能理事会（Global Wind Energy Council，GWEC）市场报告预计，到 2030 年，法国将安装 8.5GW 的海上风电机组，将成为欧洲排名前五的海上风电市场之一，同时也是全球领先的浮动风电市场之一。距离 LeCroisic 海岸 22km 的 FloatGen 项目是法国的第一台漂浮式海上风电机组，也是法国第一台海上风电机组。FloatGen 项目作为试验示范项目，由 1 台 MHI Vestas V80-2MW 风电机组和其创新的阻尼池漂浮式基础组成，离岸距离约为 22km，水深为 33m，采用的漂浮式基础尺寸为 36m×36m[28]。除了 FloatGen 项目外，法国还投产 EFGL（eoliennes flottantes du golfe du lion）、EolMed Floating Offshore Wind Farm、PGL（provence grand large）、Wind Farm 等 4 个项目，将分别采用不同形式的漂浮式基础。法国 FloatGen 漂浮式项目传来捷报，其 2020 年发电量达到了 6.8GW·h，比 2019 年接近 6GW·h 的发电量提高了 13%；容量系数为 66%，远高于欧洲固定式基础海上风电项目的平均容量系数（50%）[29]。

8）葡萄牙

葡萄牙是世界上首个电力消费实现100%可再生能源供应的国家，预计在2030

年海上风电装机容量将达到 15 万 kW。葡萄牙在漂浮式海上风电领域表现突出，包括由葡萄牙电力新能源公司（EDPR）主导开发的 WindFloat Atlantic 项目，其采用半潜式风电机组基础。项目第一阶段包含 3 台 MHI Vestas V164-8.4MW 风电机组（风轮直径为 80m、轮毂高度为 67m）及其漂浮式基础，总装机容量为 25MW，离岸距离为 7.5km，涉海面积为 3km$^2$，水深为 50m，2011 年 1 月动工，2012 年 6 月完工，总投资为 1900 万欧元[30]。运行五年后，该漂浮式风电机组累计发电量为 1700 万 kW·h，且经受住了严峻的海洋环境考验：最大浪高达到了 17m，最大风速为 31m/s。该漂浮式风电机组于 2016 年 7 月拆除：半潜式基础和系泊系统以及海缆脱离后，直接从现场拖航至葡萄牙锡尼什港口，然后将风电机组从基础上分离。这是世界上首次从漂浮式基础上拆除风电机组，对漂浮式基础进行检查后，未发现任何损伤[31]。

9）芬兰

芬兰作为北欧国家，虽然没有外海，但濒临波罗的海、波的尼亚湾和芬兰湾，拥有 1100km 长的海岸线，有很大的开发空间。但相比于丹麦、挪威和瑞典等北欧国家，芬兰开发海上风电确实比较滞后，位于波罗的海最北端的波的尼亚湾、芬兰西海岸的 Tahkoluoto 海上风电场，从 2016 年春季开始施工，历时一年半。水深为 8～10m，中心离岸距离为 9.8km，年发电量约为 155GW·h，容量系数为 43%。该风电场不仅是芬兰第一个海上风电场，还是世界上第一个为结冰条件设计的海上风电场，对海上风电的发展具有重要意义。这座接近北极圈的海上风电场相比于北海的风资源条件较差，并且面临冬季海水结冰、海岸线浅、海床坚硬等诸多不利条件。Tahkoluoto 风电场不仅为芬兰未来海上风电场的发展指明了方向，也为未来在冰冷条件下建造风电场做出了示范。除了 Tahkoluoto 项目，芬兰另外一个风电场就是晚它一个月（2017 年 10 月）并网的 42.4MW 的 Ajos 海上风电场[32,33]。

10）美国

美国海上风能资源十分丰富，根据美国国家可再生能源实验室（NREL）的报告，美国的海上风能总资源潜力为 108 亿 kW，即每年潜在发电量超过 44 万亿 kW·h，其中，技术可开发潜力超过 20 亿 kW 或每年发电量为 7.2 万亿 kW·h。自 2013 年 7 月，停滞数年的美国海上风电发展迈出了历史性的一步，美国联邦政府开始第一轮海上风电招标，并于 2013 年秋进行第二轮招标[34]。2010 年 4 月美国第一个海上风电场获准在马萨诸塞州科德角湾建立。截至 2019 年底，全球海上风

电累计并网容量接近 3000 万 kW。其中，美国仅有罗得岛州的一个 3 万 kW 海上风电场在运[35]。除此之外，美国东部海域处于开发阶段的海上风电项目共有 15 个，装机规模达到 683.8 万 kW[36]。随着美国 2020 年底到期的税收抵免机制再延长 5 年，2021～2030 年美国有望新增 35GW 风电装机容量，其中 2024～2030 年，美国海上风电装机容量将实现年均 4.5GW 的增长[5]。2021 年 3 月 8 日，美国海洋能源管理局（BOEM）发布了马萨诸塞州沿海 Vineyard Wind 海上风电项目的最终环境影响报告书，该项目长期以来被业界视为美国海上风电行业命运的风向标[37]。美国内政部 2021 年 11 月宣布了在大西洋、马萨诸塞和卡罗来纳海岸以及墨西哥湾建设海上风力发电场的新举措，这一最新行动是政府目标（到 2030 年部署 30GW 海上风能以应对气候危机）的一部分[38]。

随着海上风电相关政策不断出台，美国一批规划项目正在推进，预计近期将有较快发展，具体政策如下[39-43]。

（1）美国联邦层面制定了一系列促进海上风电发展的激励政策：美国联邦政府为刺激风电项目开发，为私人投资方引入税收抵免和融资机制，如免税债券、贷款担保计划和低息贷款。其中，对项目建设和运营激励力度最大、最重要的政策是生产税抵免（PTC）政策和投资税抵免（ITC）政策。PTC 政策：允许风电设施（陆上和海上）的所有者和开发商在设施投入使用后的 10 年内，每年为上网度电申请联邦所得税抵免。对于 2017～2020 年破土动工的项目，度电抵免水平取决于项目启动建设时间，并且开工后四年内必须建成投运才能享受该政策。ITC 是针对可再生能源项目投资的联邦所得税抵免。与 PTC 不同，ITC 是指在项目正式投运后，其资本性投资总额的一定百分比可以抵扣项目业主/开发商的应纳税额，相当于为项目提供了一次性投资补贴。如果项目在 2021 年前破土动工，可以放弃 PTC，申请享受 ITC。参议院于 2018 年 12 月通过了一项减税协议，将 PTC 延长了一年。

（2）2011 年 2 月，美国能源部和内政部共同发布了《国家海上风电战略：创建美国海上风电产业》，这是美国历史上首个关于海上风电的机构间合作规划。

（3）美国能源部一直致力于支持开展大规模海上风电联网研究。2011 年 12 月 26 日，美国能源部计划向一个由能源、制造、咨询、供电和研究 5 种不同机构组成的新能源开发领导小组提供资金，支持开展大规模海上风电联网研究。

（4）2012 年 3 月 1 日，美国能源部部长朱棣文宣布启动一项 1.8 亿美元的计划，以通过研发创新技术支持美国海上风能项目发展。

（5）美国能源部先进能源研究计划署（ARPA-E）再次向国家可再生能源实验室提供570万美元资金，支持其在海上漂浮式风电领域的研究。

11）日本

由于日本核电事故频出，因此，包括海上风电及海底天然气水合物在内的海洋能源将成为其今后新能源战略的重中之重。《朝日新闻》报道，日本计划到2040年安装30～45GW的海上风电，以减少排放，实现到2050年碳中和的目标[44]。

日本的海域面积广阔，海上风能资源较丰富，据预测，日本海上风电储量高达600GW，海上风电发展潜力巨大。以东京台场南部为例，其年平均风速达6m/s，非常适合发展海上风力发电技术[45]。目前日本主要侧重研究开发“漂浮式海上风力发电”，通过建成3台大型组合的浮体结构方式以降低成本。

尽管资源禀赋优厚，但多年以来，日本却未真正打开海上风电市场。根据GWEC统计的数据，多年以来日本都对海上风电给予了高额补贴，但这一市场却并未获得蓬勃发展。日本首座海上风电试运行项目早在2003年就投入使用了，但截至2019年底，日本只有65.6MW的海上风电可供使用，其中包括5台总功率为19MW的漂浮式风力涡轮机[46]。

12）韩国

韩国拥有良好的资源条件，尽管风速不高，但在东海与日本海海域仍有巨大的开发潜力[47]。韩国强大的本地工业基础可以转化为海上工程和供应链效率方面的能力，从而为发展本地化海上风电铺平了道路。例如，韩国在造船和布线方面具有较高的研发强度，这使得三星和现代可以制造海上风电安装船，而LS Cable&System则可以为欧洲和美国市场制造海上电缆。韩国也有自己的风力发电机制造商。其中，斗山集团在海上风力发电方面拥有最长的纪录，安装量为96MW，并且正在将其产品系列从之前的3MW和5MW型号扩展到8MW平台。2010年11月2日，韩国知识经济部召开了“海上风力促进协议会”，在会议上发表了“海上风力促进路线图”。韩国在2010年初安装了2.0MW的造船株式会社（STX）直接驱动海上风电机组和3.0MW的斗山齿轮驱动风电机组进行测试之后，2016年，济州岛30MW塔姆拉海上风电场并网发电。截至2020年6月，韩国有5个可运行的海上风能项目，其中包括2020年1月完成的60MW西南海上风能示范项目，这是2.5GW大规模项目的第一阶段，超过23个海上风电项目处于初步开发阶段（总计7.3GW）。2020年文在寅表示，将充分发挥韩国三面环海的地理优势，到 2030 年跻身全球五大海上风电强国。GWEC 预测，到 2030 年，韩国可能会建设总计 7.8GW 的海上风电机组，其中 1.2GW 预计将是浮动风电机组。

2020 年开始，韩国推动其新采用的绿色新政，为了促进绿色产业发展，韩国 2022 年在绿色建筑、城市森林和低碳能源生产方面投资总计 12.9 万亿韩元（108 亿美元），通过其 2019 年 6 月发布的第三个能源计划可知，韩国的“可再生能源 2030”目标是到 2030 年，可再生能源电力占总电力的 20%，到 2040 年，这一比例将增至 30%～35% [48]。由于陆地上没有足够的土地用于发展陆上风能，因此人们的注意力已转移到了海上。为了实现该国的目标，需要安装超过 12GW 的新海上风电。

13）越南

越南拥有长 3000 多千米的海岸线，南部的平均风速为 8～9m/s，因此，越南开发风电的潜力巨大。根据越南第八次电力总体规划，到 2030 年海上风电装机容量将达到 2～3GW。但是，根据世界银行的建议，越南应该将容量增加到 10GW 以吸引投资者。

越南积极与中国、美国、丹麦、韩国等国家在海上风电发展领域展开合作，越南研究机构预测，到 2030 年，越南将有 10～12GW 的海上风力发电并网[49]。

### 2. 世界海上风电分布

根据 GWEC 的统计数据，截至 2020 年底，全球海上风电装机已经超过 35GW，几乎是 2015 年的三倍。英国的海上风电装机容量为 10.206GW，稳居第一；中国以仅少于英国 308MW 的 9.898GW 装机总量，超过德国居全球第二[50]。海上风电装机排在前五位的国家分别是英国、中国、德国、荷兰、比利时，占比情况如下：英国 28.9%、中国 28.3%、德国 21.9%、荷兰 7.4%、比利时 6.4%，除中国外，其余 4 个国家均分布在欧洲。各国具体分布及占比情况如图 1.1 和图 1.2 所示。

从 2020 年世界各国海上风电新增和累计装机情况来看，如图 1.2 和图 1.3 所示，各国无论是在新增装机还是在累计装机上都存在较大差距。整体上，欧洲依然保持稳定增长，占据大部分新增容量。其中，荷兰的年新增容量仅次于中国，新增装机近 1.5GW；比利时（706MW）、英国（483MW）和德国（237MW）也有新增装机[50]。就累计装机情况可以看出，海上风电主要集中在欧洲，英德两国占据了全球风电装机的 50%。

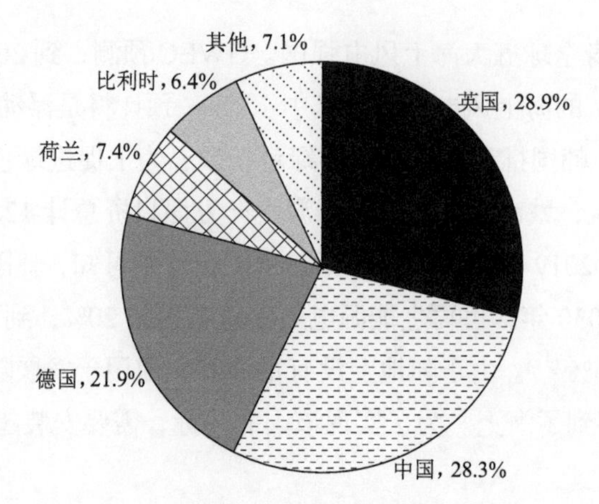


图 1.1 2020 年全球海上风电分布情况
资料来源：全球风能理事会（GWEC）

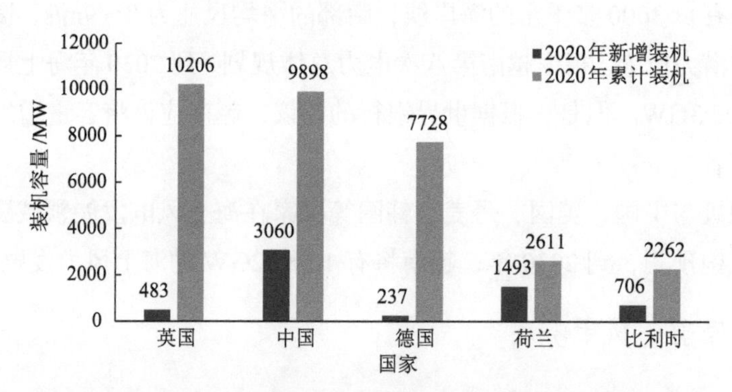


图 1.2 2020 年排名前五的国家的海上风电装机容量
资料来源：北极星风力发电网

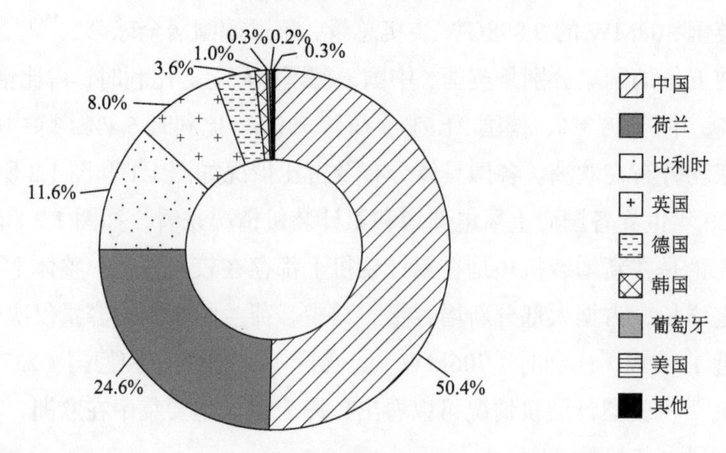


图 1.3 2020 年世界各国新增海上风电装机占比

## 1.1.2 我国海上风电行业发展状况

### 1. 我国海上风电行业的发展历程

我国海上风电起步较晚，但发展速度较快。从 2007 年我国第一座海上风电机组的建成，截止到 2021 年第一季度，我国海上风电累计装机已达到 1022 万 kW[51]，用时仅十余年。在此过程中，国家和地区有关部门颁布了一系列相关政策和规划为我国海上风电的快速发展创造了良好条件，使我国海上风电工程技术不断创新，取得许多突破性成果。我国海上风电的发展历程可以划分为四个阶段，如图 1.4 所示。

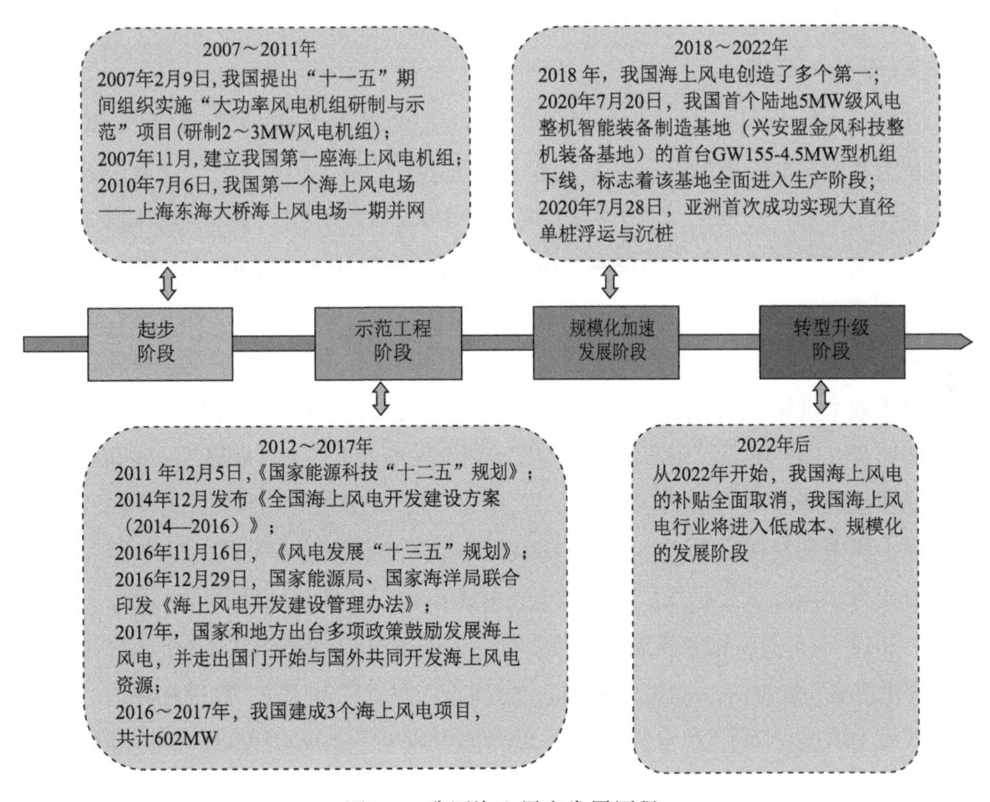


图 1.4　我国海上风电发展历程

#### 1）起步阶段

2006 年出台的《国家中长期科学和技术发展规划纲要（2006—2020 年）》和《国家“十一五”科学技术发展规划》重点关注风能等可再生能源的利用和风力发电等技术的应用，我国风电行业迎来了发展的春天。与此同时，风电开始由陆地走向海洋，2007 年 11 月，第一座海上风电机组的建立正式拉开了我国海上风电开发的序幕。

2009 年 1 月，国家发展和改革委员会、国家能源局在北京组织召开了海上风电开发及沿海大型风电基地建设研讨会，正式启动了我国沿海地区海上风电的规划工作。此后，《海上风电场工程规划工作大纲》、《海上风电开发建设管理暂行办法》和《海上风电开发建设管理暂行办法实施细则》等政策的发布为加快我国海上风电发展打好了基础。相关政策的出台为我国海上风电的发展创造了良好的条件，我国海上风电取得初步成果。2010 年 7 月 6 日，我国第一个海上风电场——上海东海大桥海上风电场一期并网。

2）示范工程阶段

2011 年 12 月 5 日，国家能源局印发《国家能源科技“十二五”规划》，将海上风电作为我国风电发展的重点任务。2014 年是我国“海上风电元年”，我国海上风电产业经历了爆发式增长，进入快速发展期。2014 年 12 月 8 日，国家能源局发布《全国海上风电开发建设方案（2014—2016）》，总容量为 10.53GW 的 44 个海上风电项目被列入了开发建设方案，这些项目主要分布在江苏、福建、广东等沿海省份，这标志着我国海上风电开发将进一步提速。到 2014 年底，除了试验风电项目外，我国业已建成数个规模化的海上风电场，2014 年新增装机容量首次超过 200MW[52]。

2016 年 11 月 16 日，国家能源局印发《风电发展“十三五”规划》，明确指出要积极稳妥推进海上风电建设。2016 年 12 月 29 日，国家能源局和国家海洋局联合印发《海上风电开发建设管理办法》保障我国海上风电健康稳定发展。2017 年，国家和地方出台多项政策鼓励发展海上风电，并走出国门开始与国外共同开发海上风电资源。2017 年 5 月，国家发展和改革委员会、国家海洋局联合印发《全国海洋经济发展“十三五”规划》，提出因地制宜、合理布局海上风电产业，鼓励在深远海建设离岸式海上风电场，调整风电并网政策，健全海上风电产业技术标准体系和用海标准；6 月，广东省海洋与渔业厅、广东省发展和改革委员会联合印发《广东省海洋经济发展“十三五”规划》，提出重点发展海上风电，鼓励在深远海建设离岸式海上风电。

3）规模化加速发展阶段

2018 年 3 月，国家能源局印发了《2018 年能源工作指导意见》，指出探索推进上海深远海海域海上风电示范工程建设，我国海上风电加快从近海向远海迈进的脚步。2018 年，我国海上风电创造了多个第一，海上风电的总投资约 114 亿美元，在所有国家中占比最高[53]；被称为大容量机组“海上风电竞技场”的福建兴化湾海上风电场建成投产；最大容量海上风电场国家电投江苏滨海北区 H2 号 400MW 海上风电场于 2018 年 7 月全部投产；离岸最远的上海电力大丰 H3#300MW 海上风电项目全部机组并网。

2018 年 7 月，国内首个风电母港在江苏射阳县建成。2019 年 10 月，南通（如东）风电母港试航，设计年吞吐量为 30 万 t，可满足 5000t 船舶全天候出海。2020 年，阳江、揭阳、蓬莱等地母港已在建设之中，阳江力争到 2030 年形成“面向世界的海上风电母港”。揭阳拟建迄今国内最大的风电专业码头——设 7 万 t 级泊位，设计通航能力为 380 万 t。蓬莱则利用了原有的两个 5 万 t 级大件码头，打造北方最大的风电母港①，为我国海上风电产业逐步扩大规模和走向深远海提供重要的支持。

2019 年 1 月 7 日，国家发展和改革委员会、国家能源局下发了《关于积极推进风电、光伏发电无补贴平价上网有关工作的通知》（发改能源〔2019〕19 号）。我国海上风电开始面临补贴退坡，取消补贴的压力催生各地风电装机抢装，2019 年我国装机快速增加，成为我国海上风电发展最快的一年。海上风电补贴退坡压力促使我国海上风电工程技术快速发展。2019 年 9 月 25 日，金风科技股份有限公司发布的 GW175-8.0MW 机组亮相福建三峡海上风电国际产业园，这也是国内首台具有完全知识产权的国产 8MW 风电机组。2020 年 6 月 3 日，中车永济电机有限公司 10MW 半直驱永磁风力发电机下线，是亚洲最大的海上 10MW 半直驱永磁风力发电机。2020 年 6 月 8 日，国内首台 8MW 海上风电机组“黑启动”成功。2020 年 7 月 8 日，明阳智慧能源集团股份公司发布的 MySE 11MW-203 半直驱海上风电机组，其单机容量仅次于西门子歌美飒 14MW 机型和 GE 的 12MW 机型。2020 年 7 月 12 日，东气机组在三峡集团福建福清兴化湾二期海上风电场成功并网发电，是国内首台 10MW 机组，标志着我国具备 10MW 大容量海上风电机组自主设计、研发、制造、安装、调试、运行能力。2020 年 7 月 20 日，我国首个陆地 5MW 级风电整机智能装备制造基地——兴安盟金风科技整机装备基地的首台 GW155-4.5MW 型机组下线，标志着该基地全面进入生产阶段[54]。2020 年 7 月 28 日，亚洲首次成功实现大直径单桩浮运与沉桩[55]。2021 年 6 月 8 日，国内首座漂浮式海上风电半潜式基础平台在浙江舟山建造完工并装船下水，标志着

① 中国水运报社. “海上风电母港”借风出海[EB/OL].（2020-08-05）[2023-08-04]. https://new.qq.com/rain/a/20200825A0A32G00.

我国第一个漂浮式风电试验样机工程进入新阶段，取得了国内漂浮式风电机组基础平台建造方面的新突破[56]。2011 年 7 月 11 日，全球首台抗台风型漂浮式海上风电机组“三峡引领号”在阳江海上风电场开始安装，这是引领我国海上风电行业走向深海的又一重大成果[57]。

4）转型升级阶段

2021 年 3 月，上海电气风电集团股份有限公司（以下简称上海电气）首台 W6.5F-185 样机在福建莆田基地顺利下线，打响了上海电气迎接海上平价时代的第一枪[58]。2021 年后，我国海上风电的补贴全面取消，我国海上风电行业将进入低成本、规模化的发展阶段。

## 2. 我国海上风电行业发展状况

1）发展规模

2020 年，全国风电新增并网装机 7167 万 kW，其中陆上风电新增装机 6861 万 kW、海上风电新增装机 306 万 kW。到 2020 年底，全国风电累计装机 2.81 亿 kW，其中陆上风电累计装机 2.71 亿 kW、海上风电累计装机约 990 万 kW（图 1.5）[59]。我国海上风电建设成效显著。截至 2021 年 4 月底，我国海上风电并网容量达到 1042 万 kW，已超过英国 2020 年底海上风电 1021 万 kW 的装机容量。根据中国风电行业的统计[60]，2021 年 1～9 月，全国风电新增并网装机 1643 万 kW，其中陆上风电新增装机 1261 万 kW、海上风电新增装机 382 万 kW。到 2021 年 9 月底，全国风电累计装机 2.97 亿 kW，其中陆上风电累计装机 2.84 亿 kW、海上风电累计装机 1319 万 kW。2021 年前三季度[61]，我国海上风电新增并网容量 215 万 kW，同比增长 166.0%[62]。

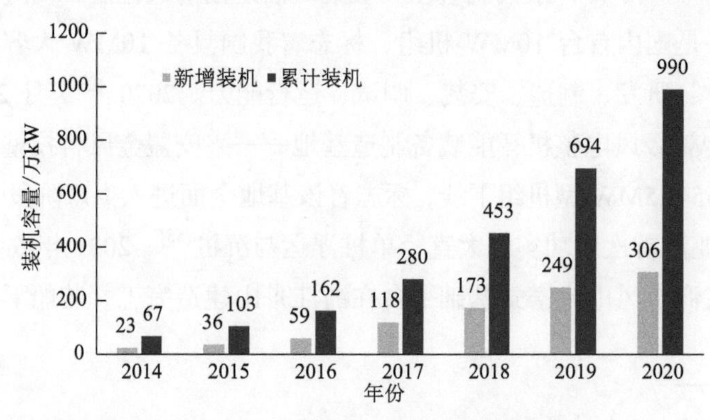


图 1.5 2014～2020 年我国海上风电装机容量 [59]

2）地域分布

随着我国海上风电的大力开发，东部沿海经济发达、负荷集中地区的海上风电市场快速发展。我国华东地区沿海省份众多，海风资源丰富。以江苏省为例，到 2020 年，江苏省海上风电并网装机规模达到 485 万 kW，继续领跑全国。2021 年 4 月 19 日，三峡新能源江苏如东 H10 项目海上升压站吊装顺利结束。至此，三峡新能源江苏如东（H6、H10）海上风电项目的两座海上升压站海上安装工作全部完成。三峡新能源江苏如东 800MW（80 万 kW）（H6、H10）海上风电项目[63]是国内乃至亚洲首个采用柔性直流输电的海上风电项目[64]。

截至 2020 年 9 月，全国沿海省市海上风电并网总容量为 750 万 kW。如图 1.6 所示，其中，辽宁省海上风电并网 25 万 kW，天津市海上风电并网 9 万 kW，河北省海上风电并网 30 万 kW，江苏省海上风电并网 485 万 kW，上海市海上风电并网 42 万 kW，浙江省海上风电并网 38 万 kW，福建省海上风电并网 67 万 kW，广东省海上风电并网 54 万 kW[59]。预计“十四五”时期国内海上风电年均装机有望达 900 万～1000 万 kW，如图 1.7 所示，复合增速约为 15%，并结合“十三五”期间各省总规划装机 660 万 kW、实际装机 900 万 kW 的超预期表现，预计“十四五”期间国内海上风电年均新增装机有望达 1000 万 kW 左右，对应复合增速约为 15%，成长空间值得期待[65]。

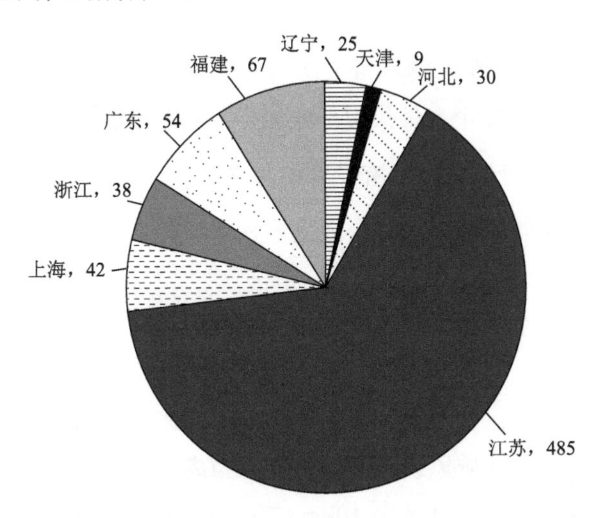


图 1.6　2020 年我国沿海省市海上风电装机并网容量（单位：万 kW）

资料来源：国家能源局

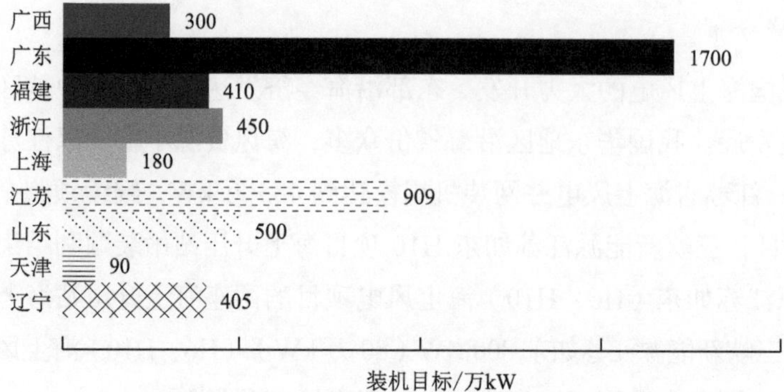


图 1.7 我国部分省“十四五”海上风电规划

资料来源：《辽宁省“十四五”海洋经济发展规划》、《天津市可再生能源发展“十四五”规划》、《山东省能源发展“十四五”规划》、《江苏省“十四五”海上风电规划环境影响评价第二次公示》、《上海市能源发展“十四五”规划》、《浙江省能源发展“十四五”规划》、《福建省“十四五”能源发展专项规划》、《广东省能源发展“十四五”规划》和《广西能源发展“十四五”规划》

### 3. 我国海上风电发展条件

1）我国海上风能资源丰富

（1）我国大陆海岸线长 18000 多千米，岛屿 6000 多个。

（2）近海风能资源主要集中在东南沿海及其附近岛屿，风能密度基本都在 300W/m$^2$ 以上[52]。

（3）台山、平潭、大陈、嵊泗等沿海岛屿风能密度可达 500W/m$^2$ 以上，其中台山岛风能密度为 534W/m$^2$，是我国平地上有记录的风能资源最大的地方[66]。

2）我国海上风能资源分布具有显著的特点

（1）我国海上风能资源丰富主要受夏、秋季节热带气旋活动和冬、春季节北方冷空气影响。

（2）各沿海省、市由于地理位置、地形条件的不同，海上风能资源也呈现出不同的特点。

（3）从全国范围看，垂直于海岸的方向上，风速基本随离岸距离的增加而增大，一般在离岸较近的区域风速增幅较明显，当离岸距离超过一定值后风速基本不再增加。有研究表明：距海岸线 10km 左右的海上区域内，沿海上向内陆方向风速急剧衰减；距海岸线 10km 左右的海上区域外，风速的衰减逐渐缓慢并达到稳定。平行于海岸的方向上，我国风能资源最丰富的区域出现在台湾海峡，由该区域向南、北两侧大致呈递减趋势[67]。

（4）随着我国海上风电的建设与发展，近海资源趋近饱和，后续新的近海场址资源有限。

3）我国具有发展深远海风电的基础条件

（1）我国深远海的风能资源储量极为丰富，为风电的规模化开发创造了条件。

（2）2020 年 4 月 28 日，金风科技 GW175-8.0MW 海上风电机组已在三峡集团福建福清兴化湾二期海上风电场完成样机吊装。

（3）2020 年 7 月 8 日，明阳智慧能源集团股份公司发布 MySE 11MW-203 半直驱海上风电机组，该机型功率达 11MW，叶轮直径为 203m，成为当时中国最大的海上风电机组，全球范围内则排名第三，仅次于西门子歌美飒 14MW 机型和 GE 的 12MW 机型。

（4）2020 年 7 月 12 日，东气机组在三峡集团福建福清兴化湾二期海上风电场成功并网发电。该机组的并网发电标志着我国具备 10MW 大容量海上风电机组自主设计、研发、制造、安装、调试、运行能力。

（5）我国位于广东阳江、湛江、汕头和福建平潭的漂浮式风电场示范项目启动，漂浮式基础结构形式为半潜式。

### 1.1.3　我国海上风电工程关键技术发展概况

我国已形成了较为完整的海上风电技术产业链，在江苏大丰、广东阳江、福建福清建立了风电产业基地，具备生产 10MW 等级风电机组、大型变压器、各种电压等级海缆的能力以及 400MW 海上风电场的设计、施工经验，但核心技术领域空白较多，特别是在工程技术领域，即勘察工程、岩土工程、结构工程、施工建造、运营维护等方面还比较落后，不能满足海上风电的大规模、深远海的发展。

1. 勘察工程技术

（1）装备落后：目前我国海上勘察船舶多由渔船等民用船改造而成，适应能力差，作业水深多在 30m 以内，不具备远海作业能力。

（2）相关技术发展滞后：国内海上静力触探试验（cone penetration test，CPT）技术起步较晚，各科研机构先后开展了对海底 CPT 的研究工作，研制出了一批适合于港口及近岸浅水区作业工况的海底 CPT 系统，但由于测试能力（最大工作深度、最大土体探测深度、最大贯入力）以及设备的稳定性、灵活性和多样性等方面的问题，这些系统并没有得到大规模的推广应用。

（3）我国研制的“海牛”号于 2015 年 5 月在水深 3100m 的海试取得成功，顺利钻进至海底以下 60m 并获取到沉积物样品，目前已进入工程化示范应用阶段。

（4）我国现有风电勘察规范不完整：海上地勘多参考陆上地勘以及其他标准规范，针对性不强。作业人员的素质参差不齐，对勘察数据的合理性和完备性缺少把关，降低了勘察结果的可靠性。

### 2. 岩土工程技术

（1）试验设备欠缺：实际工程中，很多地勘单位不具备完整的室内试验设备。

（2）土壤地质参数存在误差：海上风电勘察过程中，土壤扰动过大，造成风电场土壤地质参数完全失真，只能以经验值或者推荐值作为风电场土壤地质参数，而且相对偏保守。

（3）欠缺适用于我国现有海洋岩土工程的规范。

### 3. 结构工程技术

相关技术欠缺：漂浮式风电机组整机载荷受基础形式和运动响应影响明显，目前不具备将气动载荷、水动载荷、系泊系统和风电机组控制系统耦合到一起进行仿真的技术。

（1）一体化发展不足：国内在一体化方面的研究已经很多，但还处于基于商业软件进行仿真阶段，在内部算法和测试验证方面仍需要进一步探索。

（2）塔筒设计技术研究存在局限：国内对于塔筒结构的研究主要集中在塔架的静动力特性研究、优化设计、疲劳性能研究和风致响应计算分析等方面。

（3）基础结构设计技术发展不成熟：我国海上风电机组支撑结构体系主要采用分离式设计，这种方法不能合理反映机组和支撑结构的动力特性。

（4）缺乏规范指导：当前针对海上漂浮式风电机组还没有成熟完善的规范指导其稳性计算与校核工作。

### 4. 施工建造技术

（1）国内的风电安装船处于第二代和第三代之间，先进的船只可以独立完成

6～8MW 级风电机组的起重、打桩、吊装和运输等作业。

（2）当前我国海上大直径单桩施工严重依赖进口。

（3）大直径、高效率钻岩设备不足。

（4）固定支腿平台或整体运输安装船舶缺乏。

（5）施工效率较低：国内一条船一个月的施工效率相比于国外先进水平还有较大提升空间。

#### 5. 运营维护技术

（1）2018 年 4 月 12 日，我国第一艘具有世界先进水平的海上风电运维船——“电投 01”在滨海港正式交付使用。

（2）2020 年 1 月 21 日，江苏大洋海洋装备有限公司为上海雄程海洋工程股份有限公司建造了 50MW 风电运维船“雄程天威 1”，该船是国内最先进的风电运维船。

（3）运维船落后：目前正在使用的大多数运维船主要是由交通艇和渔船发展而来的普通运维船，多为钢制单体船，虽然成本较低，但是存在航行特性较差、智能化程度不高、运维专业化程度低、安全风险大等问题。

（4）我国多个风电机组厂商开展了智能运维系统的研发，但国内的运维系统应用时间较短、范围较小，实际效果还有待进一步检验。

## 1.2　研究目的与意义

### 1.2.1　研究目的

从目前的发展趋势来看，大功率海上风电机组、漂浮式风电场将成为海上风电的发展趋势，我国虽已具备一定的发展基础，但还需紧跟国际前沿，尽快实现适用于远海、深海风能开发的海上风电工程技术的自主创新与产业升级。为此，必须建立面向未来的我国海上风电工程关键技术体系框架及其实施战略路径。

通过对国内外风电行业的发展状况的分析，可明确未来我国海上风电的重点发展方向，但缺乏与之相适应的技术发展战略。我国海上风电工程技术发展战略研究有利于为我国海上风电指明技术发展方向，通过科学的实施路径，结合有力的宏观政策，推动我国海上风电行业尽快走向深海、远海，实现我国海上风电行业的快速转型。研究目的主要包括以下内容。

### 1. 刻画我国海上风电工程关键技术体系框架，并明确主要影响因素的内容及其作用

目前我国海上风电行业逐渐从浅海、近海走向深海、远海，在此发展过程中，风电工程缺乏相应的关键技术体系。因此，通过调研、研究、分析，刻画出我国海上风电工程关键技术体系，并找到其影响因素，为关键技术的攻克、工程技术标准体系的构建提供一定的研究基础，从而建立科学系统的工程关键技术体系，为我国深远海风电工程技术的实施提供依据。

### 2. 为我国海上风电指明工程关键技术发展领域

漂浮式基础、大功率单风电机组的研发与应用是未来的发展方向，如果能找到与之相匹配的关键、重点发展的技术领域，那么将会促进我国深远海风电工程关键技术的快速重点突破，推动我国海上风电工程技术发展。

### 3. 给出我国海上风电工程技术发展路径

要想实现我国海上风电工程关键技术和重点发展领域的突破，需要找到发展路径。通过论证我国海上风电工程亟待突破的关键技术及其基础理论，并分析攻关突破的技术路线，为我国海上风电行业指明突破关键技术的方式、方法和道路。

### 4. 提出适用于我国未来海上风电工程发展的战略路径和政策体系

欧洲海上风电行业的迅猛发展离不开政府强有力的政策支持与引导。提出科学合理的我国海上风电工程技术发展政策与建议，有利于政府相关政策的出台，引导风电行业快速实现能源结构转型，促进海上风电行业平稳、有序、健康发展。根据我国海上风电技术路线和当前已有的海上风电行业相关政策，结合关键技术战略差距，提出我国未来海上风电工程发展的战略路径，并给出相应的政策建议。

## 1.2.2　研究意义

我国海上风电工程技术发展战略的研究，将对我国海上风电的工程技术、行业发展、消纳能力以及我国的能源结构与经济发展产生重大且深远的影响，具体包括以下几个方面。

### 1. 促进海上风电工程技术发展

#### 1）有利于厘清我国海上风电工程关键技术体系

我国海上风电发展历程较短，虽然目前装机容量已跃居世界前列，但技术战略研究有利于厘清关键技术体系，并找到关键技术领域，为我国海上风电实现技术突破提供基础。

#### 2）有利于为大功率新一代深远海风电机组提供工程技术支撑

我国海上风电的规模化、集约化发展对风电机组功率提出了更高的要求，战略技术研究可以帮助海上风电行业找出关键技术，从而实现适合深远海的大功率风电机组的结构工程、施工安装及运维技术创新。

#### 3）有利于为相关配套设施提供工程技术支持

海上风电在勘察工程、岩土工程、结构工程、施工建造和运营维护方面都需要众多配套设施设备的支持，进行海上风电工程技术战略研究的同时能够明确海上风电进一步发展对相关配套设施的需求，带动配套设施技术改进。

#### 4）有利于我国海上风电行业从近海走向远海、从浅海走向深海

深远海风电是我国海上风电发展的必然趋势，海上风电工程技术和相关配套设施的逐渐成熟，将加速我国海上风电向深远海迈进的步伐。

### 2. 提高我国海上风电行业的可实施性，建立行业技术标准体系

#### 1）有利于促进施工建造的可操作性与先进性

对工程技术的战略研究过程中会涉及海上风电场建设的施工要求，从而得到关键施工技术，提高施工建造的可操作性；通过分析我国海上风电工程技术的现状和未来发展趋势，有利于找准未来海上风电的具体前进方向，提高行业预见性和技术先进性。

2）有利于项目管理水平的进一步提高与完善

海上风电作为一项系统化的工程项目，对海上风电工程关键技术的研究有利于把握项目实施与运行过程中的关键点和难点，明确管理方向和管理重心，从而提高整个项目的管理水平。

3）有利于建立我国海上风电工程技术标准体系

目前深海风电工程技术方面缺乏统一的规范和标准体系，不利于深海风电工程项目的技术风险控制、规模化建设与成本降低。通过对关键技术和重点技术的梳理，可为建立相应的技术标准提供一定的参考依据，也可为准确测算投资收益提供保障。

4）有利于为政府制定海上风电行业相关政策提供参考和依据

从 2020 年开始，新增海上风电将不再纳入中央财政补贴范围，在开发成本仍然高且无中央财政补贴的情况下，应进一步完善海上风电相关政策，保障海上风电产业的持续发展。

5）发展深海风电可以促进我国风电行业的健康发展

海上风电的发展降低了西电东送的压力，避免了西电东送高昂的电力运输成本，具有较好的经济效益；同时有效避免了西电东送对沿途生态环境的破坏和对土地资源的占用，具有显著的环境效益；海上风电的发展提高了清洁能源在我国能源消费结构中的占比，对提升我国风电行业的社会效益也具有积极的影响。

### 3. 促进我国能源资源、经济社会和生态环境相协调

1）弥补我国能源分布与经济发展地区不平衡的缺陷

我国海上风电的发展能够就近利用沿海风能资源解决东部沿海经济发达地区的用电问题，有效解决了我国西部高风速区（三北地区）电力消纳能力不足、长距离输电成本高、损耗较大等问题。

2）发挥风能资源优势，完善风电供应结构

我国深海海域可开发空间大，具有海事、环保限制性因素相对较少，容量系数高，出力稳定等方面的优势。相关研究表明，在距离海岸线一定范围内，离岸越远，风速越大。这意味着，随着我国海上风电的不断发展和向深远海海域拓展，海上风电将在我国风电行业中占领更大的比重。

3）加速我国能源结构转型

深远海风力较大、风速稳定，一旦实现深远海风电工程关键技术突破与创新，将有利于深远海风电项目的规模化发展，从而为沿海地区提供充足的、低成本的环保能源，加速我国的能源结构转型。

4）有利于国家能源安全

目前，我国能源对外依存度较高，尤其是原油和天然气，不仅会给我国带来政治风险，也危及国家的经济安全。深海海上风能资源储量大，适合大规模开发、就近消纳，可以有效提高我国的能源供给安全系数。

5）有利于与其他相关产业协调发展

沿海岸线的风电场建设不仅影响了渔业的发展，还给人类生活环境带来了辐射、噪声污染等，发展深远海风电有利于相关产业的协调推进。

6）有利于促进我国资源节约和环境保护

我国海上风电开发潜力巨大，产业前景广阔，深海风电的开发有利于提高我国清洁能源比重，有效缓解我国尤其是东部地区环境污染问题。同时，海上风电场的建设对陆上土地资源占用较少，可以避免西电东输对沿线土地的占用，有利于为我国城市发展和工农业生产节约土地资源。

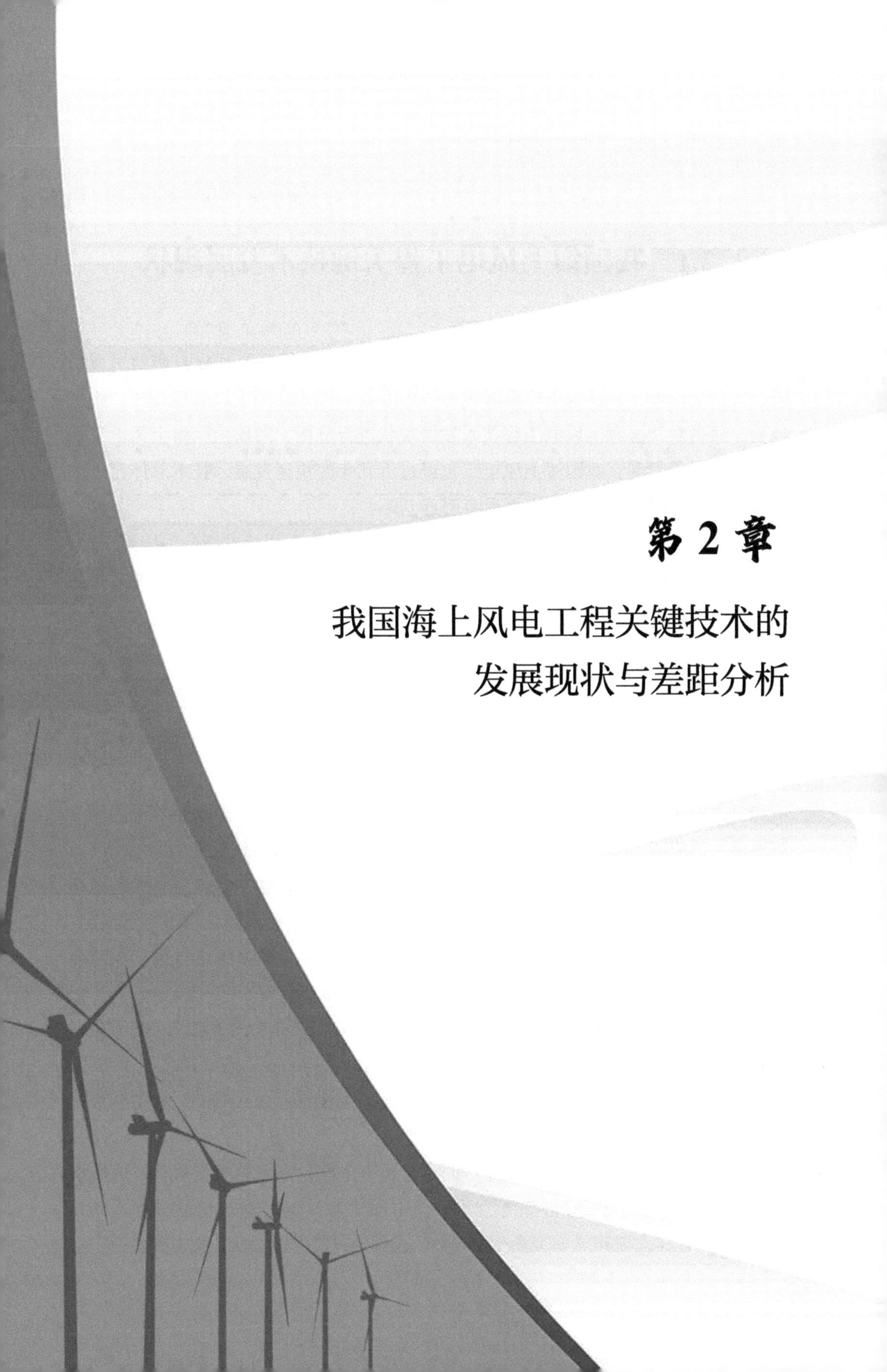

# 第 2 章

# 我国海上风电工程关键技术的发展现状与差距分析

## 2.1 我国海上风电工程关键技术发展现状

我国已形成了较为完整的海上风电技术产业链，具备生产10MW等级风电机组、大型变压器、各种电压等级海缆的能力以及400MW海上风电场设计、施工经验。通过对我国海上风电工程技术发展现状进行分析，对比国际海上风电工程技术发展水平发现：我国海上风电工程经过近几年的快速发展，技术总体位于中等偏上水平，但与国际领先水平尚有明显差距。

本书课题组经深入研究，根据技术属性将海上风电工程技术细分为勘察工程、岩土工程、结构工程、施工建造、运营维护5个维度，以下将从各个维度对我国海上风电工程技术发展状况进行阐述。

### 2.1.1 勘察工程技术

勘察工程关键技术主要包括深远海气象数据观测与预报技术、深远海海洋水文环境数据观测与分析预测技术、高性能勘探设备的开发与研发、复杂水动力环境和复杂地质条件下的勘探技术等。目前我国海上勘察船舶多由渔船等民用船改造而成，适应能力差，作业水深多在30m以内，不具备远海作业能力。

（1）我国在“九五”期间对工作水深1000m、作用距离2000m左右的超短基线系统进行了研制，“十五”期间对工作水深与作用距离更大的系统进行了研制，“十一五”开始国内自主研制的深水超短基线（USBL）定位系统结合国家深海科考项目已完成多次试验性应用，但目前均未推向市场。

（2）中国科学院声学研究所的双频合成孔径声呐（DF-SAS）系统，除了在高低频双频段工作之外，其最大探测深度超过水下1000m，拖曳深度达到水下1000m，最大测绘宽度（双侧）为600m，探测分辨率可达5cm×5cm，已用于工程实际。

（3）我国研发了可用于远海深水的高分辨率多道数字地震拖缆系统，适用水深为300～3000m，地层穿透深度为300m，道间距为6.25m，垂向分辨率优于2m。

（4）中国科学院声学研究所于2004年研制了一套声学深拖系统（最大工作水

深为 4000m），但该产品未在市场上推广应用。

（5）2016 年 7 月，中海油田服务股份有限公司首次使用自治式潜水器（AUV）搭载多波束测深系统、侧扫声呐与浅地层剖面系统及惯性制导定位系统等在我国南海水深 2500m 左右海域进行了深水工程物探调查，获取了稳定、高精度的定位数据和高分辨率的水深、海底地貌及浅地层剖面数据，标志着我国具备了实施深水 AUV 调查的能力。但目前国内相关单位研制的 AUV 系统还不完全具备商业应用能力。

（6）“十一五”期间中海油田服务股份有限公司联合浙江大学成功研制出一套重力活塞式海底水合物取样器，其设计作业水深大于 3000m，取样器本体长度为 25.5m（取样管长度为 23.5m），取样直径为 80mm（保压）和 90mm（非保压）。目前该系统已在南海北部陆坡深水区成功完成了多个点位的取样任务。

（7）国内海底 CPT 技术起步较晚，各科研机构先后开展了对海底 CPT 的研究工作，研制出了一批适合于港口及近岸浅水区作业工况的海底 CPT 系统，但由于测试能力（最大工作深度、最大土体探测深度、最大贯入力）以及设备的稳定性、灵活性和多样性等方面的问题，这些系统并没有得到大规模的推广应用。

（8）国内目前从事海底钻机研制的单位主要有湖南科技大学、中国地质大学（武汉）和长沙矿山研究院有限责任公司等，目前已有产品进入工程化示范应用阶段。

### 2.1.2　岩土工程技术

岩土工程关键技术主要包括原状土高保真取样技术、工程地质评价技术、海洋土室内土工试验技术、岩土分析及地基处理技术。目前 MC（Mohr-Coulomb）模型、DP（Drucker-Prager）模型、剑桥模型等多种土体本构模型可用于指导工程结构设计，但这些模型均对土体性状做了相当大的简化，土体本构模型仍有相当大的优化空间。

（1）实际工程中，很多地勘单位不具备完整的室内试验设备，同时在海上风电勘察过程中，土壤扰动过大，造成风电场土壤地质参数完全失真，只能以经验值或者推荐值作为风电场土壤地质参数，而且相对偏保守。土壤参数偏于保守会造成实际施工过程中沉桩困难，锤击数远超于设计锤击数，易造成桩顶法兰疲劳损伤，若更换大锤则既增加施工成本又影响工程进度。如果勘察数据不偏保守，又容易造成溜桩或拒锤的现象。

（2）我国现有的海洋岩土工程对于参数的选取主要参考的是海上石油平台的

规范，虽然各高校以及研究机构都在进行研究，但还不能广泛用于商业活动。

（3）目前国内海洋岩土工程地基处理技术尚缺少设计和工程实践经验，如海床挤密砂桩、水泥土搅拌、桩周及桩侧注浆、基础冲刷防护等。

### 2.1.3 结构工程技术

结构工程关键技术主要包括机组支撑结构（基础、塔筒）体系研发，塔筒结构先进设计技术，机组支撑结构防灾技术，耐久性、防冰冻、抗腐蚀、耐火性海洋材料，满足大功率风电工程的风电机组叶片，海上升压站平台结构设计技术以及其他附属工程等。

（1）国内在一体化方面的研究已经很多，但还处于基于商业软件进行仿真阶段，在内部算法和测试验证方面仍需要进一步探索。

（2）漂浮式风电机组整机载荷受基础形式和运动响应影响明显，因此能否准确地将气动载荷、水动载荷、系泊系统和风电机组控制系统耦合到一起进行仿真是目前非常关键的技术。

（3）计算流体动力学（CFD）方法则可能更多地用于高校研究和对比分析，不会很快应用到工程项目中。

（4）国内对于塔筒结构的研究主要集中在塔架的静动力特性研究、优化设计、疲劳性能研究和风致响应计算分析等方面。

（5）我国海上风电机组支撑结构体系主要采用分离式设计，这种方法不能合理反映机组和支撑结构的动力特性。

（6）当前海上漂浮式风电机组还没有成熟完善的规范指导其稳性计算与校核工作，国内研究者主要以海洋油气平台的相关规范作为漂浮式风电机组稳性校核参考，传统海洋石油平台结构强度分析选取的环境条件最少是百年一遇，系泊系统是千年一遇，甚至万年一遇，而目前固定式风电机组设计时采用 50 年一遇环境条件，台风工况特殊考虑。因此漂浮式风电机组采用什么样的环境条件开展设计，将会对风电机组的安全性、可靠性以及成本有着直接影响。

### 2.1.4 施工建造技术

施工建造关键技术主要包括先进施工装备、先进施工技术等。

风电安装船的发展大体可以分为三代：第一代，没有专门为海上风电安装设计的海洋工程船，一般由现有的常规海洋工程船配合安装作业，由驳船运输风电机组组件到指定位置，然后由浮吊船进行起重作业；第二代，具有自升功能的驳船或平台，但是不具备自航功能，仍需要拖船牵引；第三代，具有自航、自升、起重功能的专业化海上风电安装平台。

（1）国内可以独立完成 6～8MW 级风电机组的起重、打桩、吊装和运输等作业的风电安装船较少。

（2）对于采用大直径钢管桩的海上大型单桩基础施工，国内暂无专业打桩船，一般采用吊打施工，效率相对较低。

（3）当前我国海上风电采用的大型沉桩锤严重依赖进口，主要采用荷兰 IHC 和美国 Menck 系列大型液压打桩锤进行大直径单桩施工。

（4）目前嵌岩桩施工成为制约我国广东、福建等浅覆盖层区域海上风电施工的重要因素，大直径、高效率钻岩设备的不足是重要影响因素。

（5）大型海上升压站的建设，对大容量海上浮吊也提出了新的要求。随着我国海上风电建设往深远海发展，对于 40m 水深以上固定式基础的风电机组吊装安装，固定支腿平台或整体运输安装船舶将成为制约因素。

（6）离岸距离以及装机水深是衡量海上风电技术与开发能力的另外一项重要指标。我国海上风电场分为潮间带和潮下带滩涂风电场、近海风电场以及深海风电场，其中潮间带和潮下带滩涂风电场水深在 5m 以下，近海风电场水深为 5～50m，深海风电场水深为 50m 以上。

（7）25～50m 水深的近海以及深远海是中国海上风电发展最具潜力的海域，但目前的技术水平、装备水平以及经济性导致其还难以大规模开发。

## 2.1.5　运营维护技术

运营维护关键技术主要包括综合性、智能化运维设备，一体化智能化运维技术等。

（1）目前使用的运维船主要是由交通艇和渔船发展而来的普通运维船，多为钢制单体船，虽然成本较低，但是存在航行特性较差、智能化程度不高、运维专业化程度低、安全风险大等问题。

（2）我国多个风电机组厂商也开展了智能运维系统的研发：远景科技集团开

发了尾流协同控制系统，降低尾流对风电场整体发电量的影响；金风科技搭建了海上风电场智能管理平台，结合精细化的气象水文预报，优化运维出海时间；远景和上海电气提出叶片损伤、齿轮箱振动和油温控制预警方法，通过以计算机为基础的生产过程监控与数据采集系统（SCADA）参数变化预判故障的发生，主动检修。但国内这些运维控制系统的实际效果尚未得到充分验证。

## 2.2　我国海上风电工程关键技术与国际领先水平的差距分析

### 2.2.1　勘察工程技术

勘察工程技术与国际领先水平的差距如图 2.1 所示。

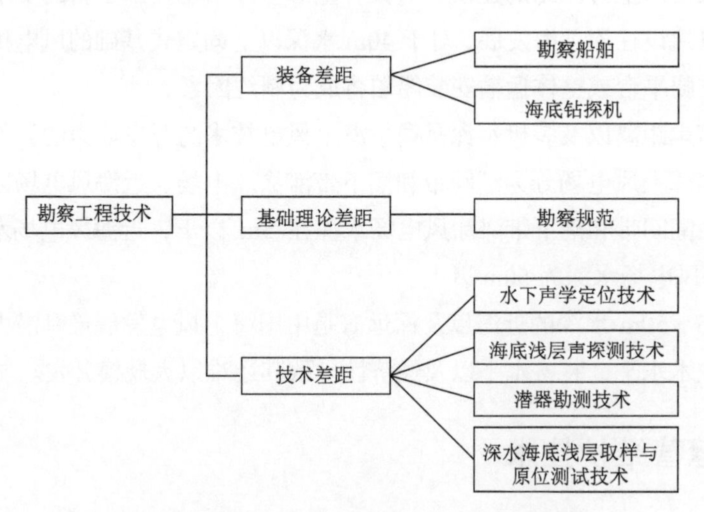


图 2.1　勘察工程技术与国际领先水平的差距

1. 装备差距

勘察船舶：国外勘察船舶的作业水深可达 2000m，抗 7 级风，有效波高为 2m，抗 2.0 级海流，海上适应能力较强，具备远海作业能力；国内通常选用民用船舶，并加以改造作为钻探平台（如渔船、普通工程船、打捞船等），作业水深一般为 30m

以内，抗4级风左右，有效波高在1m以内，海上适应能力差，作业能力有限[43]。

海底钻机：国外深水海底工程钻机研发技术较为成熟，现用的钻机的作业深度为2000～6000m，取样及探测深度可达30～125m。国内湖南科技大学研制的“海牛”号为海底60m多用途钻机，其设计作业水深为3000m，钻孔取样深度为海底泥面以下60m，采用双管及绳索取样（心）技术，目前已进入工程化示范应用阶段。

### 2. 基础理论差距

国外已有较完整的风电勘察规范，对于勘察的重视程度远高于国内。国内风电勘察规范不完整，海上地勘多参考陆上地勘以及其他标准规范，针对性不强。

### 3. 技术差距

#### 1）水下声学定位技术

国外对声学定位系统研发较早，研究开发有近40年的历史，有一系列成熟的产品投入到军方和民用市场，市场化程度较高的深水USBL定位系统产品，其工作水深超过6000m，最大作用距离超过8000m，测距精度为0.5%斜距。国内自主研制的深水USBL定位系统结合国家深海科考项目已完成多次试验性应用，但目前均未推向市场。

#### 2）海底浅层声探测技术

多波束测深技术：国外多波束测深系统最新的设备采用了宽频技术、近场自动对焦和水体显示等技术，提高了声呐性能，波束数更多，测深点更密，集成度更高，其覆盖宽度最大为37km，单次发射形成两行共576个波束，可加密至864个测深点，波束角宽最小可达0.5°×1°。国内哈尔滨工程大学已拥有技术指标和特点不同的HT-300S-W高分辨多波束测深仪、HT-300S-P便携式多波束测深仪、HT-180D-SW超宽覆盖多波束测深仪三个型号。其中HT-300S-W高分辨多波束测深仪在小批量生产阶段；HT-300S-P便携式多波束测深仪在小批量生产阶段；HT-180D-SW超宽覆盖多波束测深仪在样品阶段。

合成孔径声呐（SAS）技术：国外SAS探测技术、设备发展较为成熟，各国企业已推出了各自的基于深拖或以AUV为潜器作业平台的SAS产品，其技术性能指标各自稍有差别，分辨率一般在2.5～10cm，最大测绘宽度（双侧）一般在500～600m。国内（中国科学院声学研究所）的DF-SAS系统除了高低频双频段工作之外，其最大探测深度超过水下 1000m，拖曳深度达到水下 1000m，最大测绘宽度（双侧）为 600m，探测分辨率可达 5cm×5cm，已用于工程实际。

高分辨率多道地震探测技术：我国的海洋浅地层高分辨率多道地震探测技术（仪器）一直依赖进口，特别是近年来西方国家加大了高技术出口的限制，其中小道距数字地震采集拖缆就是限制出口的高技术之一。其中美国的深拖（千米级）多道地震探测技术装备的最大探测深度已达 6000m。国内研发了可用于远海深水的高分辨率多道数字地震拖缆系统，适用水深为 300～3000m，地层穿透深度为 300m，道间距为 6.25m，垂向分辨率优于 2m。

3）潜器勘测技术

深拖调查系统：国外早在 20 世纪 80 年代已开始将深拖系统用于深海地质研究和深水工程勘察中。国内（中国科学院声学研究所）于 2004 年研制了一套声学深拖系统（最大工作水深为 4000m），但该产品未在市场上推广应用。

AUV 调查系统：国外 AUV 技术的研究始于 20 世纪 60 年代早期，至 20 世纪 90 年代初开始走向成熟，成为能够完成指定任务的可操作系统。目前世界上已经有数家公司生产和销售用于深水工程勘察的 AUV 系统，AUV 系统的最大工作水深可达 6000m，单次下潜连续作业时间超过 36h。国内于 2016 年 7 月由中海油田服务股份有限公司首次自主使用 AUV 系统、侧扫声呐与浅地层剖面系统及惯性制导定位系统等在我国南海水深 2500m 左右海域进行了深水工程物探调查，获取了稳定、高精度的定位数据和高分辨率的水深、海底地貌及浅地层剖面数据，标志着我国初步具备了自主实施深水 AUV 调查的能力。

4）深水海底浅层取样与原位测试技术

长管柱状取样技术：国外长管柱状取样技术成熟，取样直径为 115mm，取样质量高（样品几乎不受扰动），取样收获率较高（一般大于 95%），并且在取样过程中可实时监控贯入深度、速度、阻力、垂直度等，最大取样深度可达 30m，作业水深可达 6000m。国内所研制出的重力活塞式海底水合物取样器的设计作业水深大于 3000m，取样器本体长度为 25.5m（取样管长度为 23.5m），取样直径为 80mm（保压）和 90mm（非保压）。

原位测试技术：欧美等发达国家和地区的 CPT 技术已经比较成熟，并已开发出适合不同水深的海床式和钻孔式海上 CPT 系列产品。国内海底 CPT 技术起步较晚，各科研机构先后开展了对海底 CPT 的研究工作，研制出了一批适合港口及近岸浅水区作业工况的海底 CPT 系统，但由于测试能力（最大工作深度、最大土体探测深度、最大贯入力）以及设备的稳定性、灵活性和多样性等方面的问题，这些系统并没有得到大规模的推广应用。

## 2.2.2　岩土工程技术

岩土工程技术与国际领先水平的差距如图 2.2 所示。

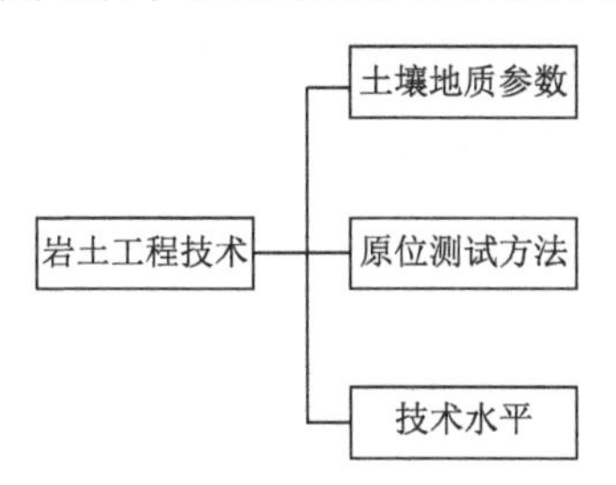


图 2.2　岩土工程技术与国际领先水平的差距

国外大多根据实验室数据和原位测试数据建立具体土体的相关关系，原位测试方法主要采用 CPT。美国 PDI（桩基动力学公司，桩基动测方法发明者）开发的波动方程分析软件 GRLWEAP 是目前应用最多的沉桩过程模拟分析软件，通过该软件可以模拟桩在冲击或振动入土过程中的运动及受力状况，可以有效地指导施工以及现场沉桩监测。目前，国内缺少针对性的原位测试手段，岩土勘察过程原位测试执行不到位，部分勘察成果数据失真，且原位测试也还处于人工+机械式的阶段，因此误差相对较大，远未达到发达国家的智能化水平。

## 2.2.3　结构工程技术

结构工程技术与国际领先水平的差距如图 2.3 所示。

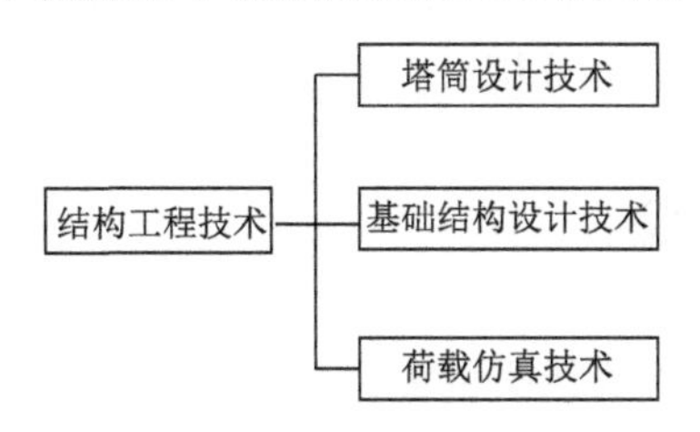


图 2.3　结构工程技术与国际领先水平的差距

1. 塔筒设计技术

纯钢塔筒是当前风电行业最常用的支撑形式，国外已建立了较为成熟的纯钢塔筒极限承载性能、疲劳承载性能分析设计方法，且已有相应的规范。随着风电机组的大型化发展，国外提出了具有刚度大、成本低、易维护等优势的钢-预应力混凝土混合塔筒，并结合新型支撑结构开展了载荷-结构耦合响应分析、一体化设计方法等研究。国内在塔筒结构形式上也取得了一系列创新成果，除了钢-预应力混凝土混合塔筒外，还提出了预应力钢管混凝土格构式塔架、中空夹层钢管混凝土塔筒等，目前相关应用还处在前期阶段，尚未形成大规模推广。

2. 基础结构设计技术

国外风电机组基础结构设计技术已比较成熟，并形成体系。针对近海地区较为复杂的环境荷载和基础条件的研究相对较多。在对参数以及可靠性的判断上一般有两种做法，一是沿用 50 年一遇的环境条件，但是增大了载荷安全系数；二是统计分析目标海域不同重现期下极端环境条件的变化量和概率分布，再去选择极端环境条件。国内海上风电机组支撑结构体系主要采用分离式设计，这种方法不能合理反映机组和支撑结构的动力特性，并且当前海上漂浮式风电机组还没有成熟完善的规范指导其稳性计算与校核工作。国内研究者主要以海洋油气平台的相关规范作为漂浮式风电机组稳性校核参考。

3. 荷载仿真技术

国外研究机构和大学开发了多款一体化仿真软件，但是准确性和通用性仍需要进一步的测试和验证。国内在一体化方面的研究还处于基于商业软件进行仿真阶段，在内部算法和测试验证方面仍需要进一步探索。而计算流体力学方法则可能更多地用于高校研究和对比分析，不会很快应用到工程项目中。

### 2.2.4 施工建造技术

施工建造技术与国际领先水平的差距如图 2.4 所示。

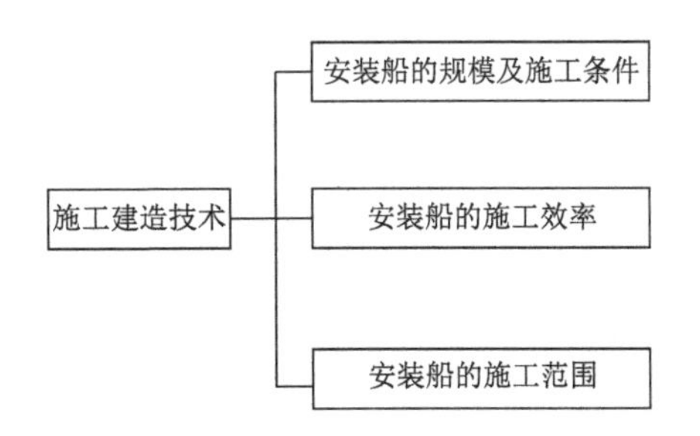


图 2.4　施工建造技术与国际领先水平的差距

### 1. 安装船的规模及施工条件

国外专业的海上风电安装公司建造的风电安装船都属于第三代风电安装船。在欧洲地区，目前风电安装船的全年作业天数平均为 180 天左右，而能够适应恶劣天气的风电安装船全年作业天数可达 260～290 天，施工天数远高于国内的安装船，并且受窗口期影响较小。国内的风电安装船处于第二代和第三代之间，国内投入使用和在建的风电安装船接近 30 艘，其中投运 22 艘，在建 7 艘，先进的船只可以独立完成 6～8MW 级风电机组的起重、打桩、吊装和运输等作业，但与欧洲主流施工安装船相比中国施工安装船在使用水深、主吊吊重、主吊吊高、可变载荷等关键技术水平上仍有较大差距，超大型液压打桩锤技术长期依赖进口，由荷兰 IHC 和德国 MENCK 两家公司垄断，建安成本居高不下。同时，中国海上风电短期的爆发式增长，导致施工船舶扎堆生产投运，一方面，面临产能过剩问题；另一方面，面向下一代更大容量机组、更远更深海域的施工船舶匮乏[45]。

### 2. 安装船的施工效率

欧洲一条船一个月可以完成 10 台以上机组的吊装。国内一条船一个月平均能够完成 4 台左右，施工效率方面还有很大提升空间。

### 3. 安装船的施工范围

2019 年，欧洲新增海上风电平均离岸距离达到了 59km，水深为 33m，较 2018 年的离岸距离 35km、水深 30m 均有提升，英国的 Hornsea One 和德国的 EnBW Hohe See 是当时离岸最远的风电场，距离均超过 100km。国内海上风电场分为潮间带和潮下带滩涂风电场、近海风电场以及深海风电场，其中潮间带和潮下带滩涂风电场水深在 5m 以下，近海风电场水深为 5～50m，深海风电场水深为 50m 以上。我国潮间带和潮下带滩涂风电场、近海风电开发技术较为成熟，已投运的海上风电场基本在25m水深以内，2018年，装机项目平均水深为12m，平均离岸距离为20km。

## 2.2.5 运营维护技术

运营维护技术与国际领先水平的差距如图2.5所示。

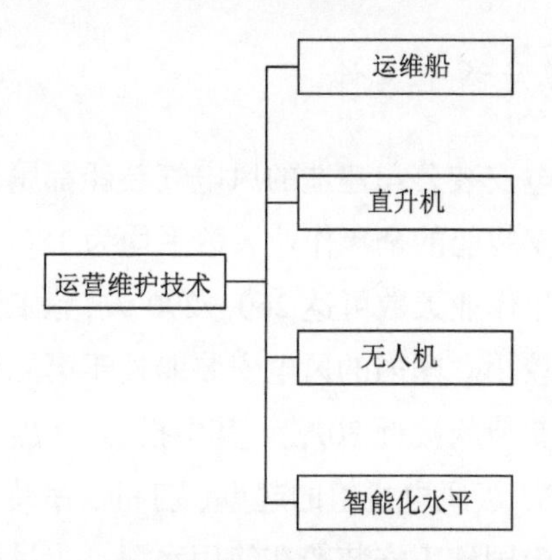


图2.5 运营维护技术与国际领先水平的差距

1. 运维船

欧洲行业内最初使用小尺寸的运维船，随着行业的不断发展和经验积累，运维船的尺寸不断变大，航速更快、乘坐更加舒适、人员转移更加安全、船员培训更加规范、甲板供货物放置的面积更大，更重要的是对恶劣天气的适应性越来越强，一般能搭乘12名技术人员和小的零部件设备，零部件一般通过风电机组底部平台的吊机或机舱内的吊机进行提升。国内，近期中国船舶重工集团公司第七〇二研究所首次以小水线面双体船型作为运维母船，这是第一艘中国造运维母船，船总长约78m，船宽约28m，排水量为3000t级，设计航速大于13节，采用"GOLF" SWATH船型，运动性能优异，为运维人员打造了舒适惬意的工作生活平台，舱室空间布局对标中型豪华邮轮设计，振动噪声达到中国船级社（CCS）3级舒适度要求，且具备以直升机系统、无人机/无人艇、智能仓储系统、物联网、无障碍物流系统、作业监控系统为功能核心的智慧物流和服务作业体系，构建起高效经济的海上风电运维平台体系。

2. 直升机

2019 年 12 月，由丹麦能源公司沃旭能源（Ørsted）投资的为英国 Walney Extension 659MW 海上风电项目配备的直升机运维基地正式投入运营。

3. 无人机

丹麦能源公司沃旭能源和西门子歌美飒联合海洋服务公司 ESVAGT 研究如何利用无人机从海上运维母船 SOV（service operation vessel）上将零部件运输到海上风电机组上。国内，2020 年 9 月，三峡集团无人机江苏响水项目首次巡检试飞成功。

4. 智能化水平

国外智能化水平较高，国内具备智慧物流和服务作业体系。

## 2.3　我国海上风电工程技术水平差距原因分析

我国海上风电工程的战略目标如下：形成支撑我国大规模海上风电中长期发展的工程技术体系，并处于世界先进水平，在关键工程技术方面具备自主创新发展能力。从海上风电行业发展的总体水平来看，我国与欧洲一些国家存在一定的差距，这些差距产生的主要原因包括以下几个方面。

### 2.3.1　基础数据资料不足

海上风电资源评估主要包括海洋水文测量、海洋地质勘察及风资源测量等，其中风资源测量是风电场开发的首要步骤，也是影响海上风电效益产出的直接因素。目前，我国的风资源基础资料主要来自气象部门，海上观测覆盖区域较小，不能全面系统地反映我国的海洋风资源状况，部分通过数据推算和模拟的方法获得的计算结果存在不确定性，可靠性不足[46]。国内目前近海风资源普查和详查工作还比较薄弱，尚缺乏高分辨率的近海风资源图谱，增加了风电场选址、机位布局、风电机组选型等系列工作的难度。另外，除风资源测量外，海洋水文测量和海洋地质勘察需要对台风、海浪、海冰、海雾、海温及海底地质结构进行全面的勘察，但国内目前主要针对近海海域的风电资源进行评估，50km 以外海域数据还不全面，难以为中远期规划提供数据支撑。基于此，我国海上风电资源测量的全面性和精确度还难以支撑国家的开发布局以及风电产业的指导。

### 2.3.2 工程技术发展战略目标清晰度不够

《风电发展“十三五”规划》中指出到 2020 年底，风电累计并网容量确保达到 2.1 亿 kW 以上，其中海上风电并网装机容量达到 500 万 kW 以上。除了此规模目标以外，截至 2020 年底，我国尚未出台全国性的海上风电产业发展规划目标，也未出台海上风电产业发展的专项规划，缺乏国家层面的宏观统筹与整体规划。海上风电开发大部分都由地方政府或单一企业主导，与其他行业和部门之间缺乏协同，未来可能会导致各自为政、无序发展、弃风等现象的出现。海上风电产业的良好发展前景已促使各地的“圈海”运动愈演愈烈。截至 2020 年 8 月，全国 11 个沿海省份均已开展海上风电规划研究工作，其中江苏、福建、山东、广东、浙江、上海、河北、海南和辽宁九个省份编制了海上风电发展规划，并获得了国家能源局的批复[41]。海上风电工程技术的发展目标不够清晰，没有形成一套完整的关键工程技术体系，企业和科研院所找不到重点突破的技术领域，缺乏行业主管和科技主管部门的统一规划和统一指导，相关单位各自为政，在一定程度上造成资源和资本的浪费。海上风电工程技术发展战略目标不清晰，还易造成全国各区域单向规划、发展，技术标准差异大，对全国统一调配资源、形成“全国上下一盘棋”的局面产生阻碍作用，不利于形成海上风电行业标准体系，从而规范化、大规模、快速发展。

### 2.3.3 工程技术总体水平需要提升

目前我国已形成了较为完整的海上风电技术产业链，海上风电工程技术体系也已逐渐适应我国近海风电的发展，但深远海海域的海上风电工程技术与世界先进水平还存在较大差距，主要表现在以下三点。第一，海上风电装备方面，我国现有的海上风电装备自主创新能力不足，关键设备主要依赖于进口，国产化率低，且自主研发的设备大多处于小批量生产及试验阶段，并未广泛应用于商业化运营。

第二，海上风电工程技术规范缺乏，行业标准不清晰，对海上风电大规模、大批量发展形成制约。第三，工程技术力量不足，我国海上风电产业起步较晚，现有的技术多针对近浅海领域风电的发展，对于深远海风电使用的大容量风电机组、直流换流平台、海上施工运输等方面的技术研究还较少，与国外领先水平技术差距较大。

### 2.3.4　适应大规模深远海工程技术的实践经验不足

与陆上风电相比，海上风电运行环境更加恶劣，并且面临台风、腐蚀等新问题。20 世纪 90 年代，欧洲已经开始了海上风电的研究和实践。1991 年，丹麦建成全球首个海上风电项目，共安装 11 台风电机组，单机容量为 450kW。英国第一座海上风电场于 2000 年并网。欧洲海上风电经历了一轮设计周期的实践，在装备制造、建设施工、运营维护乃至退役拆除方面积累了丰富的经验，支撑了近几年海上风电的大规模发展。与国外差距的一个明显表现是，我国海上风电起步较晚，国内首个海上风电项目为 2010 年并网的上海东海大桥海上风电场，国内并网且商业化运营的海上风电场多在 2015 年后，商业运营时间短，因此大部分整机制造厂家研发的海上大机组都没有长时间、大批量的运行经验，基本处于机组设计研发、样机试运行阶段。

另外，施工人员的素质参差不齐、基础设施的不完善、没有建立健全的管理监督体制，使得在运营初期，质量问题频繁发生。近两年，新型大容量机组密集投运，可靠性仍需时间检验，若大规模快速发展产生质量问题，运维成本高昂，将造成较大损失[42]。一般认为，离岸距离达到 50km 或水深达到 50m 的风电场即可称为深海风电场。与近海相比，深海环境更加恶劣，对风电机组基础、海底电缆、海上平台集成等技术提出了更严苛的要求，再加上我国现行《中华人民共和国海域使用管理法》是针对内水和领海的，对深远海区域没有明确的海上风电政策，使得由近海走向深远海面临更大的挑战。

## 2.4　差距带来的启示

为了缩小我国海上风电工程技术水平与国际先进技术水平之间的差距，实现我国海上风电工程技术发展战略，认真分析产生差距的原因，得到相关启示，这些也正是未来亟待做好的工作。

### 2.4.1 加强基础数据信息资料建设

基础数据信息资料是海上风电工程顺利进行的基础和先决条件，我国现有的海上风电工程技术的基础数据在准确性、完备性、精确性方面存在一定的问题，使得在进行海上风电工程设计时，缺乏设计参数，给海上风电工程的建设带来了较大的困难。因此需要尽快加强基础数据信息资料的建设，如海洋风电资源测量数据、海洋水文环境测量数据以及海洋地质勘察数据、深远海海洋水文观测数据的资料建设等。

### 2.4.2 建立我国海上风电工程关键技术体系

在明确我国海上风电工程发展战略目标的前提下，结合设计目标和国际上先进的海上风电工程技术，从勘察工程技术、岩土工程技术、结构工程技术、施工建造技术、运营维护技术五个方面建立起我国海上风电工程的关键技术体系，有利于海上风电工程技术标准的设计，而且有利于集中力量进行关键技术攻关，提升海上风电工程技术发展速度。

### 2.4.3 建立提升我国海上风电工程关键技术发展的路径

我国海上风电工程关键技术的发展与突破需要有科学合理的路径，路径是关键技术得以发展和实现的通道。在路径设计的过程中，需要充分考虑科学的战略定位、合理的技术突破方式、充足的人才储备及配套制度等。

### 2.4.4 建立我国海上风电工程技术发展的政策

我国海上风电工程技术的发展，离不开国家政策的支持，制定合适的政策对海上风电工程技术的快速发展具有积极的引导、促进和支持的作用。政策的制定与颁布需要自然资源部、国家能源局、科技部、国家自然科学基金委员会等多部门的积极协调、配合。

# 第 3 章

# 我国海上风电工程技术发展战略目标与需求分析

# 3.1 我国海上风电工程技术发展战略目标分析

## 3.1.1 我国海上风电技术发展战略总目标

大功率、规模化、集约化和向深远海发展是我国海上风电的发展趋势和发展方向。我国海上风电自起步以来，在短短十余年间取得了突飞猛进的发展成果，一跃成为累计装机世界第二的国家。然而，在勘察工程、岩土工程、结构工程、施工建造和运营维护五个方面的关键技术以及深度和离岸距离上，我国与世界领先水平还存在一定差距。

我国海上风电技术发展战略总目标是：形成支撑我国大规模海上风电中长期发展的工程技术体系，并处于世界先进水平，在关键工程技术方面具备自主创新发展能力。我国海上风电技术发展战略目标的实现分为两个阶段："十四五"期间实现海上风电开发的"近海为主，远海示范"；"十五五"期间实现海上风电开发的"远海为主，综合利用"。

## 3.1.2 我国海上风电技术发展战略分目标

建立适应我国海上风电行业从浅近海向深远海的发展趋势，适合大功率单机的勘察工程、岩土工程、结构工程、施工建造与运营维护的关键技术体系，并提出相应的适用于我国未来海上风电工程技术发展的战略路径和政策体系，以实现海上风电工程规模化的低成本低风险设计、建造与运维，促进我国海上风电行业的快速转型，推动风电行业、能源行业以及我国社会的可持续建设与发展。我国海上风电技术发展战略具体分目标如下。

（1）在海上风电工程技术领域形成明确的发展方向，突破制约我国海上风电中长期大规模发展的工程技术瓶颈。

建设深远海大规模海上风电场是我国海上风电的发展方向，为此，必须深入分析并逐一解决我国海上风电工程技术中存在的一系列问题，这样才能突破制约我国海上风电进一步发展的工程技术瓶颈。

（2）建立我国海上风电工程关键技术体系框架，并有效控制对关键技术产生

影响的主要因素。

从海上风电工程的勘察工程、岩土工程、结构工程、施工建造和运营维护五个角度，找出我国海上风电工程的关键技术体系，并深入研究各项关键技术目前面临的瓶颈与存在的问题，寻找影响因素和突破路径，从而构建适应我国海上风电工程发展的关键技术体系框架。

（3）深入研究我国海上风电工程的关键技术及其基础理论，并培育持续创新发展的政策环境和实施机制。

通过明确我国海上风电工程技术发展方向的实现和关键技术体系的构建需要解决的问题，将理论与实践相结合，为关键技术的创新与突破提供理论支撑。

## 3.2　主要关联领域对我国海上风电工程技术的需求分析

### 3.2.1　自然环境对我国海上风电工程技术发展的主要需求

#### 1. 大气环境对我国海上风电工程技术发展的主要需求

1）低温方面

严寒季节的海冰会影响风电机组基础、结构安全，在我国渤海和黄海较为突出；低温还会让风电机组中各种材料和润滑油的性能下降。应从基础抗冰撞设计、软土地基的基础抗侧力设计与抗冲刷处理措施、液化处理技术、大直径嵌岩桩的设计与施工技术等方面来应对低温对工程带来的影响[①]。

2）台风方面

我国深远海地区频发台风，强台风可以直接摧毁外部设备，还可能造成财产损失、人员伤亡，对结构设计及控制系统、安全预案提出了更高的要求[②]。

---

① 中电普瑞电力工程有限公司—查鲲鹏董事长. 中国工程院重大咨询研究项目“海上风电支撑我国能源转型发展战略研究”. 课题五：海上风电工程技术发展战略研究. 调研问卷.

② 上海电气风电集团股份有限公司—刘琦总监. 中国工程院重大咨询研究项目“海上风电支撑我国能源转型发展战略研究”. 课题五：海上风电工程技术发展战略研究. 调研问卷.

（1）风电机组、基础结构的抗台风技术；提高风电机组的控制技术。

（2）研发新型的风电机组基础形式、施工船舶，提高风电机组、基础结构抗台风的能力。

（3）针对台风等环境条件研发新型固定式基础[①]。

（4）提高风速预报水平，重点关注针对沿海及深远海风电场的功率预测；重点关注关于深远海测风技术的研究；重点关注台风工况下的机组载荷安全校核技术；重点关注台风工况下的安全控制技术。

（5）大容量大叶轮直径海上机组支撑结构设计中需要的载荷计算技术，新型观测技术、大气环境机理性研究、大气环境的精细化测量和高精度数值模拟方法、极端天气过程监测与预警等。

3）湿度、盐雾方面

温度、湿度、盐雾严重腐蚀设备进而影响其寿命与可靠性；水汽影响风轮旋转；海上湿度较大温度过低时，影响机组发电性能，可能导致叶片断裂，需要采用特殊的涂层或阴极防腐等保护措施。

### 2. 水文条件对我国海上风电工程技术发展的主要需求

固定式基础在30～50m水深范围时面临的技术挑战远高于当前主要装机的近海及潮间带地区[②]。风资源丰富的海域，波浪条件更为恶劣，波浪荷载大[③]。在深远海区域，环境载荷与支撑结构的动力耦合效应往往变得显著，风-浪-结构耦合、冰激振动、流激振动等导致结构破坏。当前我国海上风电场岩土工程勘察装备难以适应海上潮汐和风浪等环境条件。在波浪、地震等的作用下，海床地基液化导致结构和电缆被破坏。强台风会引起较大的波浪，从而导致较大的波浪载荷，当波浪冲击到导管架基础的过渡段和高桩承台基础的承台结构时，产生的破坏性更大。我国开发的自带安装功能、运载多套风电机组的漂浮式风电机组系统与风浪流等具有强耦合作用。海上风电机组服役环境更加恶劣，包括气动载荷、波浪和

---

① 上海勘测设计研究院有限公司—林毅峰副总工程师. 中国工程院重大咨询研究项目. “海上风电支撑我国能源转型发展战略研究”. 课题五：海上风电工程技术发展战略研究. 调研问卷.

② 中国海洋装备工程科技发展战略研究院—董晔弘副院长. 中国工程院重大咨询研究项目“海上风电支撑我国能源转型发展战略研究”. 课题五：海上风电工程技术发展战略研究. 调研问卷.

③ 中交三航（上海）新能源工程有限公司—张成芹总工程师. 中国工程院重大咨询研究项目“海上风电支撑我国能源转型发展战略研究”. 课题五：海上风电工程技术发展战略研究. 调研问卷.

海流等。水文条件对于我国海上风电工程技术发展的主要需求如下。

（1）在海流冲击下的深桩稳定性及可靠性分析技术。

（2）风浪流耦合载荷分析技术。

（3）保证风电机组在复杂海洋环境和不同运行条件下的安全运转。

（4）就漂浮式风电机组而言一体化仿真技术是一项非常关键的技术。

（5）加快发展海上专用综合勘察船、支腿平台勘察船、带波浪补偿装置的钻机、标准贯入试验（SPT）设备等；加快发展海上物探、原位测试等手段，加强钻探取样的综合应用。

（6）加强对结构和电缆的安全防护措施。

（7）风浪联合分布数据采集（同一时刻不同方向的精细化数据）。

（8）一体化分析技术对于漂浮式风电机组基础、塔架和叶片结构设计尤为重要。

（9）海上风电机组以其复杂的动力学特性和特有的技术难点成为我国的研究难点和热点。

### 3. 地质条件对我国海上风电工程技术发展的主要需求

#### 1）场址对我国海上风电工程技术发展的主要需求

（1）考虑发电量最高。

（2）考虑全生命周期的集电线路成本最低。

（3）在已有机位点排布的基础上根据地勘、水文详设数据给出终版的机位点排布。在考虑集电线路成本最低时没有采用自动化优化算法，仅采用了穷举法。

#### 2）地质构成对我国海上风电工程技术发展的主要需求

我国沿海地质成因复杂、地质条件多变，海上风电场地质差异大。我国近海海域的表层海床以淤泥质海床为主，技术需求如下。

（1）对海底的“刚性短桩”进行改进，如带吸附式套环的刚性短桩方案。刚性短桩抗侧力对海底表面一定深度内的土的抗压承载力要求较高，而海底表面软土承载力低，而且易被波浪“掏空”，不稳定[①]。

（2）根据我国近海、远海、浅海、深海的不同特点，从结构设计、施工工艺

---

① 同济大学—马人乐教授. 中国工程院重大咨询研究项目“海上风电支撑我国能源转型发展战略研究”. 课题五：海上风电工程技术发展战略研究. 调研问卷.

等方面进行针对性研究。

（3）海上风电工程必须适应这种多变的地质条件，充分利用这种变化中的有利因素来提高工程效率。

（4）重点关注对淤泥质海床的冲刷研究和针对该类海床的冲刷防护措施的研究。

3）地质安全对我国海上风电工程技术发展的主要需求

风电场工程建设一般会引起平均流速变化，引起工程区海域冲淤环境变化。选址时应考虑工程建设后的水动力和泥沙冲淤变化影响。

4）地震对我国海上风电工程技术发展的主要需求

我国海域辽阔，海洋水文气象和工程地质条件复杂多样。我国现有的抗震设计规范中涉及的地震区及地震动参数建议关于海上区域的相关资料是缺失的。

（1）应针对台风、深厚软土、浅覆盖层或岩石、海冰、高烈度地震（特别是液化地基）等环境条件开发新型固定式基础。

（2）基于整体耦合分析方法的海上风电机组结构地震破坏机理研究。

（3）从国家层面提出我国海上地震区划图和相应参数。

### 3.2.2 风电机组对我国海上风电工程技术发展的主要需求

1. 成本方面

海上风电机组成本在整个风电工程总成本中的占比较高，目前风电机组的检测可靠性不高但检测成本高。

（1）以相邻单桩基础互相加力，以综合卫星系统来精确定位（±1mm）对海上典型单桩进行静力测试，每个风电场仅进行一组静力测试，再以动测方法进行对比拟合，得出修正参数，然后对风场中其余多数单桩进行侧向承载力和刚度测试。

（2）海上风电机组向大容量大叶轮直径发展；大容量风电机组及大容量漂浮式机组的研制与样机示范、大型高效海上风电机组发电机的研制；风电机组控制系统的开发。

2. 智能化方面

风电机组制造与设计过程中运用云计算与大数据的手段，以提高其现代化水平。

### 3. 定制化方面

我国不同海域在地质条件、海洋气候等方面差异大，风电机组的适应性不强。适合深远海恶劣海况的风电机组和基础形式选择尚无参考。

（1）根据我国不同海域的特点设计风电机组。

（2）大容量大叶轮机组及深远海支撑结构设计技术。

## 3.2.3　附属设施对我国海上风电工程技术发展的主要需求

### 1. 升压站对我国海上风电工程技术发展的主要需求

#### 1）成本方面

目前升压站一般采用钢结构且用钢量大，因此成本高。

（1）对大型钢结构进行优化，也可采用钢-混凝土组合结构。

（2）重点关注升压站集成设计优化技术。

#### 2）安全防护方面

深远海地区环境更为复杂，提高升压站本身的防腐蚀性能、优化换流站的结构布置与安装方案，以保障升压站与换流站的安全运输、安装和运维。

（1）提高升压站本身的防腐蚀性能。

（2）关注海上升压站新型结构形式与安全高效安装技术。

#### 3）装备方面

我国超大型起重船资源较少，海上起吊与安装存在一定的困难。

（1）海上起吊与安装可采用浮托法。

（2）海上升压站新型结构形式与安全高效安装技术。

### 2. 换流站对我国海上风电工程技术发展的主要需求

#### 1）成本方面

对大型钢结构进行优化，并且采用钢-混凝土组合结构。目前换流站一般采用钢结构且用钢量大，因此成本高。

2）安全防护方面

深远海地区的气象灾害更为频繁，对换流站的安全防护提出了更高的要求。海上换流站单体重量达10000t以上，给我国海上换流站的结构设计和施工安全带来一定的难度。

（1）采用合适的结构布置方案与安装方案，实现海上换流站的海上运输与安装。

（2）海上换流站平台的设计和建造将是未来关注的重点。

### 3. 汇流站对我国海上风电工程技术发展的主要需求

1）成本方面

目前汇流站一般采用钢结构且用钢量大，因此成本高。

（1）对大型钢结构进行优化。

（2）采用钢-混凝土组合结构。

2）安全防护方面

深远海环境的不确定性给汇流站的安全防护带来极大的挑战，应重点关注汇流站在深远海区域的安全防护。

### 4. 海缆对我国海上风电工程技术发展的主要需求

1）路由方面

在海上风电运营阶段，离岸的变电站和海底电缆技术水平较低[①]。

（1）电网公司统一规划接入点。

（2）减少海缆上岸的回数。

（3）尽量采用高电压等级电缆送出。

（4）对于深远海电站尽量用柔性直流输电技术。

2）铺设方面

海缆铺设技术目前处于探索阶段，应重点关注海缆在铺设阶段的工程技术方面的问题。

---

① 中国能源建设集团江苏省电力设计院有限公司—吉春明．中国工程院重大咨询研究项目“海上风电支撑我国能源转型发展战略研究”．课题五：海上风电工程技术发展战略研究．调研问卷．

### 3.2.4　关联产业对我国海上风电工程技术发展的主要需求

关联产业对我国海上风电项目选址及产业间协同的约束与需求，形成了我国海上风电工程技术发展的新要求。主要是两方面的约束与需求：一方面是选址问题，通过合理选址以减小风电场对关联产业的不利影响；另一方面是协同发展的问题，应进行区域经济综合规划研究，实现海上风电技术与相关产业的协调发展，如发展海上风电工程设计一体化技术、促进风电基础桩底与人工鱼礁构型的有机融合技术、增加雷达站点、完善船舶交通服务（vessel traffic service，VTS）预警功能以减少风电场对雷达电磁波的影响技术。

1. 海洋牧场行业对我国海上风电工程技术发展的主要需求

探索融合发展新模式。

（1）空间融合：科学布局实现海域空间资源的集约高效利用，探索出可复制、可推广的海域资源集约生态化开发之路。

（2）结构融合：结合海上风电机组的稳固性提高经济生物养殖容量。

（3）功能融合：研究海上风电与海洋牧场的互作机制，实现清洁能源与安全水产品的同步高效产出。

2. 海洋渔业对我国海上风电工程技术发展的主要需求

实现海洋渔业与海上风电产业的协调发展。

（1）施工阶段：减少风电机组基础施工产生的噪声、灯光等对海洋生物及渔业养殖的影响。

（2）运营阶段：避免升压站运行的电磁辐射对周围的海洋环境造成影响。

（3）建设和运营阶段：减少在建设和运营阶段对渔业空间、海洋生态，以及运维船舶的不利影响[37]。

3. 海水淡化行业对我国海上风电工程技术发展的主要需求

实现海水淡化行业与海上风电产业的协调发展。

（1）关键技术的突破：风光互补和非并网海水淡化；风电功率平滑与储能技术；海水淡化变工况技术；过程协调控制与能量管理技术[38]。

（2）适应国情的发展：结合我国国情，考虑风电局部消纳不足、远距离输电困难等问题进行电网建设，对改造的巨额成本及调峰备用成本等进行区域经济综合规划研究。

### 4. 航运业对我国海上风电工程技术发展的主要需求

减少风电场对航运业的不利影响。

（1）风电场对航运业的空间影响：海上风电场的建设如规划不当，很可能对航运空间产生不利影响，如侵占航道、迫近航道之间压缩了航运空间，使航道变窄、缩小船舶间安全距离、侵占船舶锚地和避险区域；迫使航线改道、绕行，压缩或阻断应急通道；海上风电安装建造阶段还可能占用更多航运空间，遗弃物、废弃基桩等也可能影响航行安全；风电场建成后改变了海域风力、风向，对船舶及其航行带来新的影响。

（2）风电场对雷达电磁波的影响：风电场在施工建造、发电运行、维护等各阶段，均会使用多种通信、电力设备设施，对航运业既有的导航、监管、海事安全等用途的雷达波造成一定干扰；风电设施（包括风电机组、基桩、风电建造的遗留物、其他风电废弃物等）也可能阻断、反射或干扰航运业的雷达电磁波，影响航运安全和效率。

针对以上两方面问题，风电开发建设需要从规划设计开始，到施工建造、运营维护各阶段充分考虑风电场及其相关活动对航运业的影响，做好评估工作，把不利影响降到最低。

### 5. 风电制氢行业对我国海上风电工程技术发展的主要需求

#### 1）重点关注制氢技术的发展以及制氢设备的可利用率

（1）开发电解水制氢技术：加强电解水制氢技术的开发，深入研究电解水制氢装备的功率波动适应性，开发大功率、低成本和高效率的工业化碱性电解水制氢技术；开发可快速响应功率波动的固体聚合物电解质（solid polymer electrolyte，SPE）电解水制氢技术。

（2）实现有效的电能匹配，提高氢气的可利用率：为解决风电与电网输配电问题，应完善相关政策；电网应增加风电的发电上网指标，吸收利用更多清洁电能；出台直供电售电政策，电网公司收取相应过网费后，风电场可直接向制氢站供电，统筹调度风电与太阳能等新能源发电资源，确保电解水制氢供电的稳定性。

2）增加氢气大规模使用的途径

（1）开展氢储能系统的研发，设计高压储氢系统，使之与电网调峰和运行模式相匹配。

（2）制定相关标准和政策，探索将氢气注入天然气管道中加以利用。

（3）促进燃料电池技术行业的发展，燃料电池技术发展将带动氢能的清洁利用，进而推动风电制氢技术的发展。

（4）提高油品品质，提高汽柴油标号标准，进而推动油品加氢技术的发展，扩大氢能的利用途径[39, 40]。

# 3.3　我国海上风电工程技术需求的归纳

## 3.3.1　我国发展海上风电对勘察工程技术需求的归纳

### 1. 大气环境方面

（1）应提升深远海海上风电资源评估技术水平。自主发展小尺度数值模式和建立以数值模拟、卫星反演和实际观测为基础的风能资源综合评估技术方法。

（2）我国深远海地区频发台风，给勘察工程带来更大的挑战。因此需重点关注风速预报水平，提升针对沿海及深远海风电场的功率预测能力；重点关注关于深远海测风技术的研究；做好台风的预测。

### 2. 水文条件方面

（1）深化研究高浪、急流、深水等复杂水动力环境和复杂地形条件下钻探及取样工艺、技术、方法。

（2）深化研究无人机平台的机载三维蓝绿激光探测技术，水下高精度、高密度的点云数据获取、处理与融合技术。

（3）精细化的风、浪联合分布数据采集技术。在缺少完整水文观测数据的情况下，采用全球范围的风浪卫星数据及模型推演数据进行高精度的项目概念设计。

3. 地质条件方面

（1）需要开发应用以潜器（如深拖、水下遥控机器人（ROV）和AUV）为作业平台的深水工程物探与检测技术。进入深水区后，应改善常规的设备调查作业方式。

（2）提升海洋环境条件下扰动土体的测试技术水平，基于CPT、SPT等原位测试的土体力学参数分析技术水平。土壤扰动过大会造成风电场土壤地质参数完全失真且保守。

（3）加快发展海上专用综合勘察船、支腿平台勘察船、带波浪补偿装置的钻机、SPT设备等；加快发展海上物探、原位测试等手段，通过与钻探取样的综合应用，提升海上风电工程地质勘察水平。目前的岩土工程勘察装备难以适应海上潮汐和风浪等环境条件。

（4）掌握快速准确获取风电场及机组位置岩层起伏、孤石分布等信息的能力。当前我国海上风电勘察中针对浅覆盖层条件的勘察手段难以快速准确掌握岩层起伏，特别是孤石分布情况。

（5）开发适宜海上风电勘察的数值模拟技术、卫星遥感技术和地理信息系统（GIS）空间分析技术；研发适宜海上风电场海底地形测量的技术；研发海上钻孔定位系统及远海高程传递精度控制办法。

（6）研发适宜不同环境条件的海上勘探作业平台及钻井作业方法和相关的原位测试技术；深化研究在不同地质条件和水动力环境下的地球物理三维综合勘探技术；提升岩土层的精细化、自动化识别和解译技术；研究高灵敏土、钙质砂、寒气土等特殊土的工程地质勘探与评价技术；研究海底浅层气、海床冲刷和液化、活动沙丘沙坡等地质灾害的识别、评价和防控技术；深化研究海底滑坡识别和评价技术在海洋工程中的应用[①]。

### 3.3.2 我国发展海上风电对岩土工程技术需求的归纳

1. 大气环境方面

深远海地区大气环境变化更加复杂，容易出现腐蚀现象。重点关注海洋腐蚀

① 中国电建集团华东勘测设计研究院有限公司. 深远海海上风电技术发展咨询会材料. 2020年7月.

性测定与分析预测。

2. 水文条件方面

对于地震等作用下海床地基面临液化的问题，需进一步研究海上风电机组在特殊受力状态下的海洋岩土强度和变形理论。

3. 地质条件方面

（1）对特殊岩土工程条件下的地基处理技术提出了新的要求，如海床挤密砂桩、水泥土搅拌、桩周及桩侧注浆、基础冲刷防护等。目前我国海洋岩土工程地基处理技术尚缺少设计和工程实践经验。

（2）重点关注评估结构与土的相互作用机理，优化桩土结构设计。目前，MC 模型、DP 模型、剑桥模型等多种土体本构模型可用于指导工程结构设计，但这些模型均对土体性状做了相当大的简化，土体本构模型仍有相当大的优化空间。

（3）重点关注海洋地质灾害分析评价技术。海底表面软土承载力低，而且易被波浪“掏空”，不稳定。

（4）我国沿海地质成因复杂、地质条件多变，海上风电场地质差异大。我国近海海域的表层海床以淤泥质海床为主。应根据我国近海、远海、浅海、深海不同的地质构成，从结构设计、施工工艺等方面对岩土工程技术进行针对性研究；岩土工程技术必须适应这种多变的地质条件；充分利用这种变化中的有利因素来提高工程效率；重点关注对淤泥质海床的冲刷研究和针对该类海床的冲刷防护措施的研究。

## 3.3.3 我国发展海上风电对结构工程技术需求的归纳

1. 大气环境方面

（1）我国深远海地区频发台风，强台风可以直接摧毁外部设备，还可能造成财产损失、人员伤亡，对结构工程技术提出了新的要求。因此需重点关注海上风电机组、基础结构的抗台风技术；研发新型的风电机组基础形式、施工船舶，提高海上风电机组、基础结构抗台风的能力；研发针对台风等环境条件的新型固定式基础；重点关注风资源的评估问题，以及机位点的排布方面。

（2）低温对结构安全造成不利影响，如严寒会产生海冰，破坏风力机基础；

低温还会让风力机中各种材料和润滑油的性能下降；在冬季渤海和黄海海域出现的海冰将影响结构安全。应从基础抗冰撞设计、软土地基的基础抗侧能力设计、抗冲刷处理措施、液化处理技术、大直径嵌岩桩的设计与施工技术等方面来应对低温对工程带来的影响。

### 2. 水文条件方面

（1）对海上风电结构单桩基础水平承载力、刚度的检测方法和海上单桩基础水平承载力的测试问题进行研究。

（2）我国深远海地区风资源丰富，同时波浪条件更为恶劣，波高、波长强度大。应重点关注在海流冲击下的深桩稳定性及可靠性分析技术、就漂浮式风电机组而言的一体化仿真技术。

（3）深远海地区的海洋环境更为恶劣，对海上风电机组的腐蚀更大，因此应加强对结构和电缆的安全防护措施。

（4）为提升在较深海域中导管架的基础技术水平，可采用以下方法：增加截面；在陆地上低风区高风塔中推出下部预应力抗疲劳桁架；针对导管架底部和桩基连接的薄弱环节，采用可控的高强螺栓连接。

（5）我国深远海区域海上风电场的水深主要在 50～60m，对漂浮式基础、系泊系统与动态电缆技术提出了更高的要求，需要针对 50～60m 水深的区域开发新型漂浮式基础结构体系。

（6）提升导管架结构焊接工艺及管节点腐蚀疲劳水平，需重点关注海洋腐蚀性测定与分析预测。后期伴随着深海海上风电场的开发建设，导管架基础结构形式的占比会大幅度上升。

### 3. 地质条件方面

（1）应对海底的“刚性短桩”进行改进，如带吸附式套环的刚性短桩方案。目前需要针对软土地基提高单桩基础承载能力。刚性短桩抗侧力对海底表面一定深度内的土的抗压承载力要求较高。

（2）节约成本，提高结构效率，并减小对环境的不利影响。改进岩土地基或浅埋岩石地基上的单桩基础设计及施工方法。

（3）应针对高烈度地震等环境条件开发新型固定式基础。

（4）基于整体耦合分析方法的海上风电机组结构地震破坏机理研究。

### 3.3.4 我国发展海上风电对施工建造技术需求的归纳

1. 大气环境方面

我国近海多台风，给施工安全带来很大的挑战，施工的窗口期短，并且深远海的温度、湿度、盐雾等易造成腐蚀。施工工序及方案需要不断改进，尽量将海上作业转移至陆上，缩短海上作业时间；重点关注台风环境下的安全控制技术；重点关注利用台风风力抬升阶段发电量的技术；需要采用特殊的涂层或阴极防腐等保护措施。

2. 水文条件方面

（1）深远海的海洋环境更加恶劣，因此对塔架与基础制造技术提出了更高的要求。应优化加工工艺，提高加工质量与精度，提高生产效率，加快新材料的引进与创新。

（2）采用高效率的施工方案以及高效率的管理方法；对施工工艺和装备也提出了更高的要求；需要先进的运输安装平台和运维船舶。海上风电场都是安装在大气环境丰富的海域，波浪条件也往往更为恶劣，局部海域潮差达到8m，波高、波长强度大，受台风影响频繁，施工窗口期短，有效作业天数更少。

3. 地质条件方面

（1）需要加快发展以物探为主，辅以其他手段的大面积海域浅覆盖层勘测技术。福建、广东区域的海上风电场普遍存在海床基岩面埋深较浅且起伏变化大的复杂情况。

（2）大型多用途施工装备的研发；复杂地形的沉桩工艺与设备的研发；塔架基础存放及吊安装的防变形设计；提升塔架附件的拼装效率与吊装效率。相较于近浅海的施工安装，深远海的海上情况更加复杂，安装更加困难。

### 3.3.5 我国发展海上风电对运营维护技术需求的归纳

1. 智能化、数字化方面

（1）传统的运维方式是被动的、间断的和粗放的，缺乏对传感、监控、大数据及云平台等技术的应用。一般情况下是在风电机组出现问题以后才采取解决措施，因此维修成本比较高、停机时间比较长。主要需求为基于在线监测风电机组数据、无人机扫海等技术的实时运行状态监控数字化平台。

（2）同步气象、水文、人员、船舶数据，基于智能算法的运维策略技术。

（3）根据在线监测数据及风电机组运行历史数据，开启提升发电量的控制策略技术，收集运行数据。

（4）建立大部件故障库的数字孪生平台。

（5）采用人工智能神经网络算法建立数学模型。

（6）采用机器学习优化算法提前预警。

（7）故障智能诊断、部分非硬件类故障的自动识别和处理、设备健康状态监测、关注部件的寿命预测、远程运维技术。

（8）海上风电全生命周期数据库系统开发与应用。

#### 2. 成本方面

（1）采用智能运维等技术降低整个海上风电工程的平准化度电成本（LCOE）是大势所趋。海上风电的可达性差、运维成本高，而且现有海上风电场对开发企业来说分布比较零散，增加了运维难度和运维成本。

（2）我国深远海地区易遭受极端天气的影响，经常造成设备故障，增加后期的运营与维护成本，故在未来应重点关注台风工况下的机组载荷安全校核技术；重点关注台风工况下的安全控制技术；关注新型观测技术、大气环境机理性研究、大气环境的精细化测量和高精度数值模拟方法、极端天气过程监测与预警。

# 第 4 章

# 我国海上风电工程关键技术体系及我国重点突破领域

# 4.1 关键技术体系

## 4.1.1 建立关键技术体系的指导思想

1. 强化战略目标指引

服从战略目标，积极开展深远海海上风电工程的关键技术研发。在我国海上风电技术发展战略3项分目标的具体指引下，深远海海上风电发展面临着更为恶劣的特殊环境，应针对海洋环境条件开展海上风电工程技术研究，特别是在柔性直流远距离输电、漂浮式风电机组新型基础形式等关键工程技术上有所突破。

2. 贯彻综合协同思想

从第2章的差距分析来看，不能仅从工程技术孤立发展，要实现不同层次的综合协同：一是在工程技术领域内，贯通勘察工程、结构工程、岩土工程、施工建造、运营维护全领域，进行综合协同；二是在海上风电产业领域内的综合协同，重点是加强海上风电工程技术与装备技术、电网技术领域的协同，共同实现体系化创新；三是海上风电工程与其他关联产业、行业的协同，如与渔业渔政、海监、航运、生态环保、海上石油、海洋产业等的协同。

3. 树立预防性管理观念

建立工程技术体系时，要考虑各种常规、非常规（突发、灾害等）工况对工程实施过程或工程结果的影响，从源头上克服隐患。

预防性管理与“综合协同”应结合，如有些工程技术的寿命、可靠性、造价等受装备技术的影响较大，只有把装备技术与工程技术结合进行一体化设计，或免维护设计，才能取得更好的结果。从源头的风电机组设计开始坚持数字化智能化健康化发展，加强关键共性技术、交叉学科的研究，通过人工智能进行风电场绿色安全高效建设，采用工业互联网进行海上风电的智能运维预测，利用大数据、云计算等技术来保障海上智慧风电场与电网的稳定高效接入运行，确保风电场全生命周期智慧运行。

4. 立足行业未来，充分利用前沿科技

在勘察、结构、运营维护等多个工程领域运用大数据、人工智能、远程监测或作业、机器人技术等实现更高水平的科学、准确和先进的海上风电场发展。

5. 坚持开放思想，积极融入世界先进水平的体系化发展之中

我国的工程技术不应发展为一个封闭的技术体系，应既与国内的海上风电行业技术紧密关联，也与国际先进水平的同行进行密切交流。

与国际海洋工程、海上风电先进水平保持一致，特别是与掌握先进技术的国家和企业、机构保持密切的合作关系，使我国的工程技术深度嵌入到国际先进的产业链、创新链之中。

6. 立足于工程技术未来的可持续性发展

从我国海上风电行业发展、海上风电工程技术自身发展、与我国关联产业关系变化三个角度，着眼未来，建立我国海上风电工程技术的可持续性发展基础。

### 4.1.2 关键技术体系的建立

1. 关键技术体系的要点提炼

1）面向深海、远海重点战略方向的关键工程技术

综合前面对于我国海上风电工程技术与国外领先水平的差距分析，并结合我国深远海海上风资源禀赋（平均风速在7～11m/s），我国海上风电工程建设亟待突破的方向是深远海海域海上漂浮式风电关键工程技术研究，建议定义水深大于50m的海上风电项目为深海海上风电项目，定义场区中心离岸大于80km的海上风电项目为远海海上风电项目。考虑我国海况等自然条件特点，深远海海域海上漂浮式风电关键工程技术是建立漂浮式海上风电机组一体化设计流程和仿真模型，加强对复杂工况的分析，建立一体化耦合动力学分析模型，通过水池试验与仿真结果对比进行一致性验证。为降低运营维护成本，应打造智慧风电机组。还涉及深远海海域特殊环境条件分析及评估关键技术、高压交流输电技术和无功补偿站、柔性直流送出和换流器。

2）与关联领域协同创新和预防性管理的关键工程技术

从漂浮式风电机组角度考虑，漂浮式海上风电勘察工程的关键工程技术应是适合我国深远海海域的锚固系统的专属勘探平台、专用勘察船舶等；漂浮式海上风电施工工程方面的关键工程技术应是系泊系统、海缆安装。

3）引入前沿科技的关键工程技术与工程管理创新

在海上风电工程技术的多个领域，运用大数据、人工智能等实现更高水平的科学性、准确性运营，如全生命周期的智能运维技术。

4）引领前沿和面向未来的关键工程技术

大型海上风电场多能综合利用关键技术包括海上风电与制氢多能互补技术、海上风电与波浪能采集利用技术。

## 2. 我国海上风电工程关键技术体系框架

如图 4.1 所示，我国海上风电工程关键技术体系包括三个层次，第一层为勘

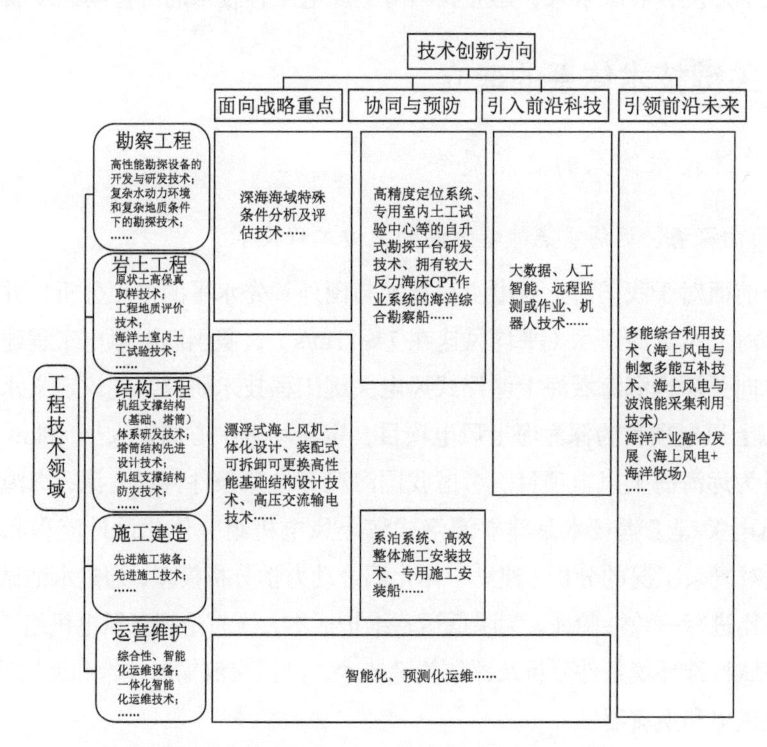


图 4.1 我国海上风电工程关键技术体系框架

察工程、岩土工程、结构工程、施工建造、运营维护 5 个维度，第二层在每个维度下设置工程技术大类，第三层在各个工程技术大类下细分一系列关键技术。

# 4.2　我国海上风电工程建设亟待突破的基础理论和关键工程技术

## 4.2.1　亟待突破的基础理论

借助专家问卷和访谈，针对我国海上风电中长期、大规模的发展，本书课题组通过整理和分析得到了亟待突破的基础理论。

### 1. 海上风电结构设计基本理论、方法及分析工具

我国海上风电机组支撑结构分析中面临的基础理论上的瓶颈问题：机组-支撑结构-地基基础多物理场耦合机理、支撑结构及基础阻尼计算、海冰与支撑结构的冰激振动机理等。其中海上风电机组地基基础结构设计中涉及波浪理论、工程环境与荷载、设计工况与组合、桩基设计与结构布置、模态与动力分析、疲劳分析、冲刷与腐蚀等。

### 2. 海上风电场岩土工程基础理论和分析方法

海上风电场岩土工程基础理论主要指海上风电机组特殊受力状态下海洋岩土强度和变形理论，其中包含了海洋岩土动力学理论和分析方法、土体循环弱化理论和分析方法、波浪和地震作用下海床地基液化机理、漂浮式基础锚泊系统承载机理等。

### 3. 海上风电控制理论

我国海上风电控制理论急需加强风电机组控制算法研究、验证、优化与仿真测试。其中，作为工业控制应用的可编程逻辑控制器（PLC）在风力发电机组系统中具有重要作用，但目前国内的主控系统 PLC 完全依赖进口。另外，桶-桩-土联合承载失效机理与控制指标体系的设计、复杂环境荷载作用下全寿命失效机理

与控制技术、深水固定式风电结构整体耦合设计、振动控制技术以及基于大数据的风电机组故障智能诊断和预警系统、基于物联网的安全管控系统等与控制相关的算法及应用也亟待进一步发展。

### 4.2.2 亟待突破的关键工程技术

本书课题组首先组织了开放式问卷的发放，回收问卷后，对问卷进行了归纳分析和总结，得到了一系列我国海上风电工程亟待突破的关键技术。

1. 勘察工程技术

海上风电勘察工程亟待突破的关键技术如表 4.1 所示。

**表 4.1 勘察工程亟待突破的关键技术**

| 序号 | 关键技术 |
| --- | --- |
| 1 | 勘察设备 |
| 2 | 潜器勘测技术 |
| 3 | 无扰动或低扰动取样技术 |
| 4 | 土样的非扰动保存与运输技术 |
| 5 | 高灵敏度现场原位试验技术 |
| 6 | 深水海底表层取样与原位测试技术 |
| 7 | 勘察工程技术规范体系 |
| 8 | 勘察试验技术 |
| 9 | 海底地形勘察 |
| 10 | 海床地质条件勘察 |
| 11 | 水下声学定位技术 |
| 12 | 海底浅层声探技术 |
| 13 | 水文条件勘测 |
| 14 | 静力触探试验技术 |

2. 岩土工程技术

海上风电岩土工程亟待突破的关键技术如表 4.2 所示。

**表 4.2　岩土工程亟待突破的关键技术**

| 序号 | 关键技术 |
| --- | --- |
| 1 | 海上风电基础防冲刷设计 |
| 2 | 海洋腐蚀性测定与分析预测 |
| 3 | 土体循环弱化对基础设计的影响 |
| 4 | 结构与土的相互作用机理研究及技术设计 |
| 5 | 大直径单桩的桩土相互作用曲线及相关参数的获取 |
| 6 | 动参数物理试验装备技术研究 |
| 7 | 岩土工程设计规范体系 |
| 8 | 海床地基处理技术 |
| 9 | 深厚淤泥层新型超大直径单桩成套技术 |
| 10 | 海上浅覆盖层大直径嵌岩单桩成套技术 |

### 3. 结构工程技术

海上风电结构工程亟待突破的关键技术如表 4.3 所示。

**表 4.3　结构工程亟待突破的关键技术**

| 序号 | 关键技术 |
| --- | --- |
| 1 | 漂浮式基础结构技术 |
| 2 | 一体化设计技术 |
| 3 | 新型基础结构体系研发及设计技术 |
| 4 | 荷载仿真技术 |
| 5 | 结构工程设计规范体系 |
| 6 | 结构抗震设计技术 |
| 7 | 海上升压站平台结构设计技术 |
| 8 | 基础结构设计技术 |
| 9 | 机位点选址及优化技术 |
| 10 | 风资源评估技术 |
| 11 | 塔筒结构设计技术 |

## 4. 施工建造技术

海上风电施工建造亟待突破的关键技术如表 4.4 所示。

**表 4.4 施工建造亟待突破的关键技术**

| 序号 | 关键技术 |
| --- | --- |
| 1 | 漂浮式海上风电机组及漂浮式风电运输安装技术 |
| 2 | 自动化海缆敷设机器人技术 |
| 3 | 施工建造技术规范体系 |
| 4 | 施工效率 |
| 5 | 专业安装船舶 |
| 6 | 高效整体安装技术 |
| 7 | 附属设施（升压站、换流站等）的运输与安装施工技术 |
| 8 | 大直径单桩嵌岩施工设备和技术 |
| 9 | 打桩能力 |
| 10 | 吊装能力 |
| 11 | 设备安装技术（海上分体安装、海上整体安装） |
| 12 | 大型钢结构制造技术 |

## 5. 运营维护技术

海上风电运营维护亟待突破的关键技术如表 4.5 所示。

**表 4.5 运营维护亟待突破的关键技术**

| 序号 | 关键技术 |
| --- | --- |
| 1 | 运营维护技术规范体系 |
| 2 | 自主化水面无人船舶 |
| 3 | 运维船舶 |
| 4 | 主动补偿式登乘栈桥 |
| 5 | 预防性维护技术 |
| 6 | 高自持能力的 ROV |

续表

| 序号 | 关键技术 |
| --- | --- |
| 7 | 无人直升机 |
| 8 | 智能化运维技术 |
| 9 | 故障维护和定检维护技术 |
| 10 | 结构监测技术 |

## 4.3　我国海上风电工程关键技术成熟度分析

关于我国海上风电工程关键技术成熟度的研究，本书课题组在经过开放式调研和问卷调研的基础上，进行了又一次问卷设计，向海上风电工程领域具有一定影响力的高管一对一地发放了问卷，共 15 份，回收了 12 份。问卷填写人员均为男性，年龄多在 40～60 岁，其中 67%的人员职称为研究员/教授/教授级高级工程师，其中大学本科生的占比为 42%，硕士研究生的占比为 33%，博士研究生的占比为 25%。这些专家来自中交第三航务工程局有限公司、上海电气风电集团股份有限公司、中交第一航务工程局有限公司、中国能源建设集团江苏省电力设计院有限公司、中国能源建设集团广东省电力设计研究院有限公司、上海勘测设计研究院有限公司等。

打分标准如下：非常领先（5 分）——该技术或设备通过国内海上风电的实际应用，能填补国际空白；领先（4 分）——该技术或设备通过国内海上风电的使用环境验证和试用，并超过国际水平；水平相当（3 分）——国内外技术在海上风电上的应用相当；落后（2 分）——技术概念和应用设想还处于可行性论证或实验室验证等阶段，落后于国际已有样机；非常落后（1 分）——该技术或设备还处于基本原理、技术概念和应用设想方面，落后于国际上提出的技术方案的实验室研究等。分数越高，代表成熟度越高，该项技术越先进。

### 4.3.1　我国海上风电工程关键技术总体成熟度

从我国海上风电工程总体关键技术成熟度水平来看（图 4.2），勘察工程平均水平为 2.92 分，岩土工程平均水平为 2.98 分，结构工程平均水平为 3.06 分，施工建造为2.92分，运营维护为2.54分，总体来说，我国海上风电工程五个维度的技术成熟度平均水平相差不大，经过近几年的快速发展，属于中等稍微偏上水平（评分区间为1～5分，分数越高代表越技术越成熟）。

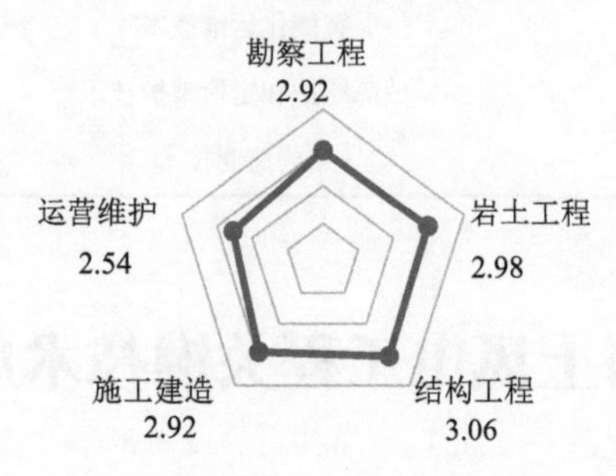


图4.2 我国海上风电工程总体关键技术成熟度评分（单位：分）

## 4.3.2 我国海上风电勘察工程关键技术成熟度

由图4.3可知，深远海气象数据观测与预报技术的平均分为2.92分，深远海海洋水文环境数据观测与分析预测技术的平均分为2.83分，高性能勘探设备的开发与研发技术的平均分为2.92分，复杂水动力环境和复杂地质条件下的勘探技术的平均分为3.00分。

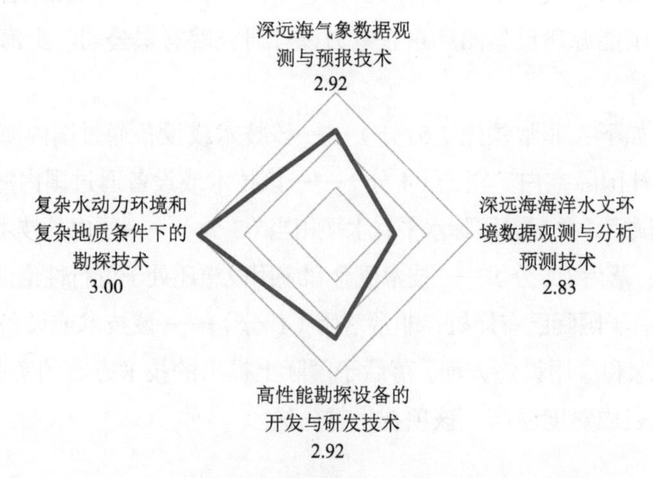


图4.3 我国海上风电勘察工程关键技术成熟度评分（单位：分）

经过对专家问卷结果的整理与分析，可知深远海海洋水文环境数据观测与分析预测技术发展水平相对落后一些。

### 4.3.3　我国海上风电岩土工程关键技术成熟度

由图 4.4 可知，原状土高保真取样技术的平均分是 2.75 分，工程地质评价技术的平均分是 2.92 分，海洋土室内土工试验技术的平均分是 3.08 分，岩土分析及地基处理技术的平均分是 3.17 分。

根据对专家问卷结果的整理与分析，可知我国海上风电岩土工程技术所涉及的关键技术中的海洋土室内土工试验技术和岩土分析及地基处理技术的发展水平较为领先，而工程地质评价技术，特别是原状土高保真取样技术需要进一步发展。

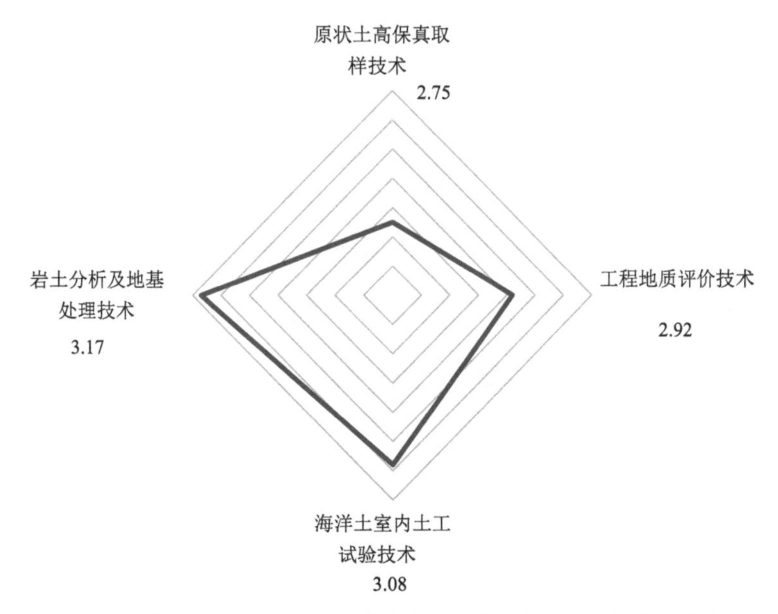


图 4.4　我国海上风电岩土工程关键技术成熟度评分（单位：分）

### 4.3.4　我国海上风电结构工程关键技术成熟度

由图 4.5 可知，机组支撑结构（基础、塔筒）体系研发的平均分是 3.08 分，塔筒结构先进设计技术的平均分是 3.08 分，机组支撑结构防灾技术的平均分是 3.33 分，耐久性、防冰冻、抗腐蚀、耐火性海洋材料的平均分是 2.92 分，满足大功率风电工程的风电机组叶片的平均分是 2.83 分，海上升压站平台结构设计技术的平均分是 3.17 分，其他附属工程的平均分是 3.00 分。

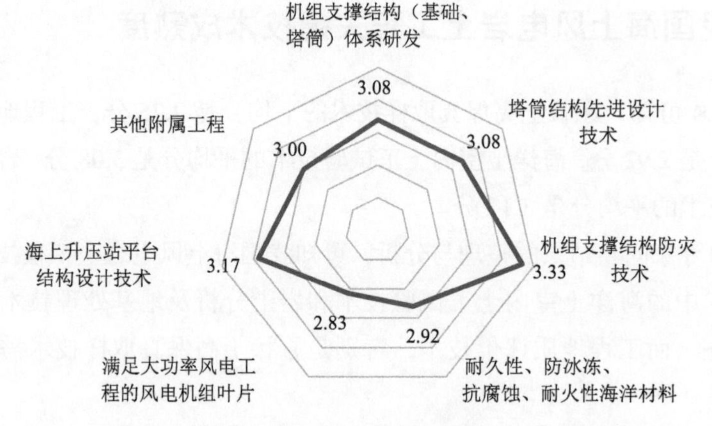


图 4.5 我国海上风电结构工程关键技术成熟度评分（单位：分）

根据对专家问卷结果的整理与分析，可知我国海上风电结构工程所涉及的关键技术中，机组支撑结构（基础、塔筒）体系研发、塔筒结构先进设计技术、机组支撑结构防灾技术、海上升压站平台结构设计技术和其他附属工程技术的发展水平相当，成熟度水平均较高，但是满足大功率风电工程的风电机组叶片和耐久性、防冰冻、抗腐蚀、耐火性海洋材料的研发和应用需要加大投入力度。

## 4.3.5 我国海上风电工程施工建造关键技术成熟度

由图 4.6 可知，先进施工技术的平均分是 2.67 分，先进施工装备的平均分是 3.17 分。

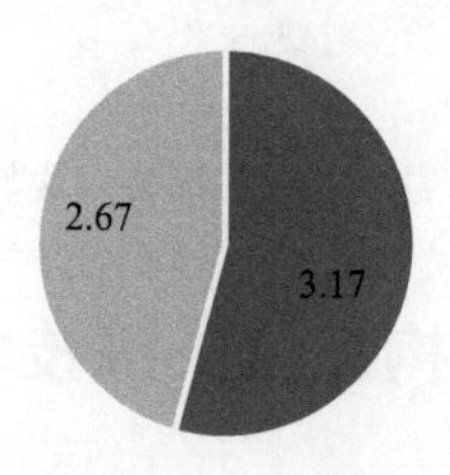


图 4.6 我国海上风电工程施工建造关键技术成熟度评分（单位：分）

专家问卷所得出的结果表明，我国海上风电施工建造关键技术中，先进施工技术发展水平落后，先进施工装备发展水平相当。

### 4.3.6　我国海上风电工程运营维护关键技术成熟度

由图 4.7 可知，一体化智能化运维技术的平均分是 2.58 分，综合性、智能化运维设备的平均分是 2.50 分。

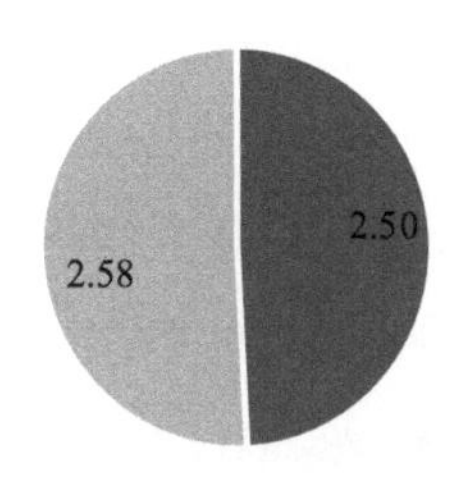


图 4.7　我国海上风电工程运营维护关键技术成熟度评分（单位：分）

专家问卷所得出的结果表明，我国海上风电运营维护所涉及的综合性、智能化运维设备和一体化智能化运维技术发展水平相对比较落后。

## 4.4　我国海上风电工程关键技术体系

本书课题组根据前文的强化战略目标指引、贯彻综合协同思想、树立预防性管理观念、立足行业未来和前沿科技等关键技术体系建立的指导思想，借助专家问卷和访谈，总结出面向战略重点、协同与预防的技术创新方向，对海上风电工程技术从勘察工程、岩土工程、结构工程、施工建造和运营维护 5 个维度进行匹配，建立了海上风电工程的关键技术体系，见表 4.6。

**表 4.6　海上风电工程关键技术**

| 工程名称 | | 关键技术 |
| --- | --- | --- |
| 勘察工程 | 深远海气象数据观测与预报技术 | 基于漂浮式激光雷达测风设备的风能资源测量标准和方法（面向战略重点） |
| | | 漂浮式风电机组尾流模型及风电场发电量计算（面向战略重点） |
| | | 深海海域风能资源测量标准（面向战略重点） |
| | | 覆盖近海区域的高分辨率的风资源数据库（引入前沿科技） |

续表

| 工程名称 | | 关键技术 |
| --- | --- | --- |
| 勘察工程 | 深远海气象数据观测与预报技术 | 海上风能资源开发评估体系（面向战略重点） |
| | | 海上风电场热带气旋影响评估系统（面向战略重点） |
| | | 海上风电场风功率预测系统（面向战略重点） |
| | | 机位点选址及优化技术（面向战略重点） |
| | 深远海海洋水文环境数据观测与分析预测技术 | 深远海海域海洋水文要素中长期观测监测方法（面向战略重点） |
| | | 基于深远海海域实测水文资料的水文要素特征分析技术（面向战略重点） |
| | | 深远海海域风电场水文要素精细化预报关键技术（面向战略重点） |
| | | 深远海海域海洋水文要素的现代化测量手段（面向战略重点） |
| | | 台风高发海域海上风电场水文设计参数评价方法（面向战略重点） |
| | | 深远海海上风电规划区域的海洋水文成果数据库（面向战略重点） |
| | | 深远海海域海洋水文设计要素推算方法（面向战略重点） |
| | | 水文分析的水动力模型、波浪模型（面向战略重点） |
| | 高性能勘探设备的开发与研发 | 具有高精度定位系统、专用室内土工试验中心等的自升式勘探平台(协同与预防) |
| | | 百米级水深智能勘探平台（协同与预防） |
| | | 拥有较大反力海床 CPT 作业系统的海洋综合勘察船（协同与预防） |
| | | 高精度定位、勘探取样等于一体的综合勘察船（协同与预防） |
| | | 钻探和测试于一体的数字化勘探装备（引入前沿科技） |
| | | 具有海浪补偿、自动升降和智能调压的海洋钻机（引入前沿科技） |
| | | 具有智能监测系统的钻探装置（引入前沿科技） |
| | | 配备无人艇等载体，3D 声呐等自动海洋调查设备（引入前沿科技） |
| | | 海床式孔压静力触探设备、球形静力触探设备（协同与预防） |
| | | 地貌扫测仪器、水深测量仪器、剖面探测仪器（协同与预防） |
| | | 单波束测探仪、多波束测探仪、侧扫声呐（协同与预防） |
| | | 浅地层剖面仪、单道地震仪、多道地震仪（协同与预防） |
| | 复杂水动力环境和复杂地质条件下的勘探技术 | 潜器勘测技术（面向战略重点） |
| | | 勘察工程技术规范体系（面向战略重点） |
| | | 水下声学定位技术（面向战略重点） |

续表

| 工程名称 | | 关键技术 |
|---|---|---|
| 勘察工程 | 复杂水动力环境和复杂地质条件下的勘探技术 | 海底浅层声探技术（面向战略重点） |
| | | 水文条件勘测技术（面向战略重点） |
| | | 水下障碍物探测技术（面向战略重点） |
| | | 水下管线探测技术（面向战略重点） |
| | | 海底微地貌及地质结构探测技术（面向战略重点） |
| | | 海底地形勘察技术（面向战略重点） |
| | | 海底地形演变模拟技术（面向战略重点） |
| | | 海床地质条件勘察技术（面向战略重点） |
| | | 高灵敏土、钙质砂等特殊地质勘察技术（面向战略重点） |
| | | 静力触探试验技术（面向战略重点） |
| | | 海床式孔压静力触探技术（面向战略重点） |
| | | 海洋球形静力触探技术（面向战略重点） |
| | | 静探和钻探同步实施的井下式静力触探技术（面向战略重点） |
| | | 不同地质和水动力环境下地球物理三维综合勘探技术（面向战略重点） |
| | | 无人机平台的机载三维蓝绿激光探测技术（面向战略重点） |
| | | 精细化海底三维测深技术（多波束点云数据处理程序）（引入前沿科技） |
| | | 水下高精度、高密度的点云数据获取、处理与融合技术（引入前沿科技） |
| | | 基于互联网的勘察管理和数据采集系统（引入前沿科技） |
| | | 海洋勘测数据资源整合关键技术（引入前沿科技） |
| | | 基于三维平台的海洋勘测数据可视化管理系统（引入前沿科技） |
| | | 平台式波浪补偿自由伸缩套管和护孔技术（面向战略重点） |
| | | 新型护壁泥浆配合比和护壁方法（面向战略重点） |
| 岩土工程 | 原状土高保真取样技术 | 无扰动或低扰动取样技术（面向战略重点） |
| | | 克服传统薄壁取样扰动大的缺点的新型取样装置设计技术（面向战略重点） |
| | | 复杂水动力环境和复杂地质条件下的取样工艺、技术、方法（面向战略重点） |
| | | 深水海底层表层取样技术（面向战略重点） |
| | | 土样的非扰动保存与运输技术（面向战略重点） |
| | 工程地质评价技术 | 土体力学特性评价技术（软黏土强度评价、沙土物理力学参数评价）（面向战略重点） |

续表

| 工程名称 | | 关键技术 |
| --- | --- | --- |
| 岩土工程 | 工程地质评价技术 | 地震效应评价技术（基于CPTU的沙土液化评价）（面向战略重点） |
| | | 不良地质作用评价（海底滑坡识别及评价技术、海底浅层气与沙丘沙坡评价体系）（面向战略重点） |
| | | 海底流沙移动影响及对策（面向战略重点） |
| | | 海洋地质评价模型（面向战略重点） |
| | | 高灵敏土、钙质砂等特殊地质评价技术（面向战略重点） |
| | | 海底浅层、海床冲刷和液化、活动沙丘沙坡等地质灾害的识别、评价和防控技术（面向战略重点） |
| | | 海底滑坡识别和评价技术（面向战略重点） |
| | 海洋土室内土工试验技术 | 高灵敏度现场原位试验技术（面向战略重点） |
| | | 海洋土动力特性试验（面向战略重点） |
| | | 海洋土-结构界面剪切特性试验、界面环剪试验（面向战略重点） |
| | | 循环三轴：获取循环荷载下的土体抗剪强度（面向战略重点） |
| | | 动单剪，共振柱：获取土体动刚度和阻尼（面向战略重点） |
| | | 大直径桩试验技术（面向战略重点） |
| | | 海洋十字板剪切试验技术（面向战略重点） |
| | | 离心机试验：模拟原型土工结构的受力、变形和破坏，验证设计方案的数学模型及数值分析结果（面向战略重点） |
| | 岩土分析及地基处理技术 | 不同岩层埋深设计技术（面向战略重点） |
| | | 大直径单桩的桩土相互作用曲线及相关参数的获取（面向战略重点） |
| | | 海上风电机组大直径单桩基础桩-土互相作用机理（面向战略重点） |
| | | 土体循环弱化对基础设计的影响（面向战略重点） |
| | | 土与结构相互作用机理研究及技术设计（面向战略重点） |
| | | 预测海洋岩土强度和变形理论（面向战略重点） |
| | | 动参数物理试验装备技术研究（面向战略重点） |
| | | 海洋岩土规范体系（面向战略重点） |
| | | 海洋腐蚀性测定与分析预测（面向战略重点） |
| | | 海底固化技术（面向战略重点） |
| | | 海上风电基础防冲刷设计（面向战略重点） |
| | | 海床地基处理技术（面向战略重点） |

续表

| 工程名称 | | 关键技术 |
| --- | --- | --- |
| 结构工程 | 机组支撑结构（基础、塔筒）体系研发 | 浮式基础结构技术（面向战略重点） |
| | | 新型基础结构体系研发及设计技术（面向战略重点） |
| | | 复合筒型基础设计理论技术体系（面向战略重点） |
| | | 自安装式基础（面向战略重点） |
| | | 漂浮式风电机组基础研发与优化设计（面向战略重点） |
| | | 风电机组基础结构与本体优化（面向战略重点） |
| | | 装配式可拆卸、可更换、高性能基础结构（面向战略重点） |
| | | 表层深厚软黏土条件下的基础设计（面向战略重点） |
| | | 海洋环境和复杂地质条件的海上风电基础结构设计理论和技术标准（面向战略重点） |
| | | 软土地质海上风电大直径单桩基础设计理论和技术体系（面向战略重点） |
| | | 海上风电机组桩式基础结构整体耦合分析方法（面向战略重点） |
| | | 复杂环境荷载作用下全寿命失效机理与控制技术（面向战略重点） |
| | | 荷载仿真技术（面向战略重点） |
| | | 新型超大直径单桩、嵌岩单桩、复合单桩及成套解决方案（面向战略重点） |
| | | 海上浅覆盖层大直径嵌岩单桩成套技术（面向战略重点） |
| | | 大直径无过渡段单桩设计与应用技术（面向战略重点） |
| | | 大直径嵌岩单桩设计与应用技术（面向战略重点） |
| | | 深厚淤泥层新型超大直径单桩成套技术（面向战略重点） |
| | | 塔筒结构设计技术（面向战略重点） |
| | | 一体化设计技术（面向战略重点） |
| | | 组合结构设计技术（面向战略重点） |
| | | 复材结构设计技术（面向战略重点） |
| | | 高稳定性结构设计技术（面向战略重点） |
| | | 装配式可拆卸、可更换、高性能的塔筒结构设计技术（面向战略重点） |
| | | 远海深海浮式平台结构及其减振和防船撞系统设计技术（面向战略重点） |
| | | 自调频结构设计技术（面向战略重点） |
| | | 远海浮式风电机组的防船撞结构设计技术（面向战略重点） |
| | | 机型与结构设计标准（面向战略重点） |
| | | 海上风电机组支撑结构的阻尼研究（面向战略重点） |

续表

| 工程名称 | | 关键技术 |
| --- | --- | --- |
| 结构工程 | 机组支撑结构（基础、塔筒）体系研发 | 结构工程设计规范体系（面向战略重点） |
| | | 复杂海洋环境荷载作用下的静、动力分析（面向战略重点） |
| | 塔筒结构先进设计技术 | 附件连接优化（面向战略重点） |
| | | 加工制造等级提高（面向战略重点） |
| | | 先进数值屈曲计算方法+高等级材料（面向战略重点） |
| | | 塔架基础主体连接—T 法兰（面向战略重点） |
| | | 塔架设计标准化系列化（面向战略重点） |
| | | 塔架“设计-制造-运输-吊装”一体化（面向战略重点） |
| | | 塔架基础存放及吊安装的防变形设计（面向战略重点） |
| | 机组支撑结构防灾技术 | 结构抗震设计技术（面向战略重点） |
| | | 结构抗冰技术（面向战略重点） |
| | | 基于整体耦合分析方法的海上风电机组结构地震破坏机理（面向战略重点） |
| | | 海上风电机组结构全生命周期内的自振特性分析与疲劳损伤（面向战略重点） |
| | | 桶-桩-土联合承载失效机理与设计控制指标体系（面向战略重点） |
| | | 疲劳失效机理（波浪爬升）（面向战略重点） |
| | | 深远海风电机组基础及电气平台结构动力失效机制（面向战略重点） |
| | | 深远海极端环境荷载中结构健康监测及预警（面向战略重点） |
| | | 深水固定式风电结构整体耦合设计、振动控制技术（面向战略重点） |
| | | 海洋腐蚀性测定与分析（面向战略重点） |
| | | 振动监测技术系统（面向战略重点） |
| | 耐久性、防冰冻、抗腐蚀、耐火性海洋材料 | 轻骨料混凝土（面向战略重点） |
| | | 珊瑚骨料混凝土（面向战略重点） |
| | | 海水海砂混凝土（面向战略重点） |
| | | 超高性能混凝土（面向战略重点） |
| | | 高性能纤维复材（面向战略重点） |
| | | 高强钢材（面向战略重点） |
| | | 耐蚀钢筋（面向战略重点） |

续表

| 工程名称 | | 关键技术 |
| --- | --- | --- |
| 结构工程 | 耐久性、防冰冻、抗腐蚀、耐火性海洋材料 | 不锈钢/耐蚀钢（面向战略重点） |
| | | 铝合金（面向战略重点） |
| | | 疏盐材料（面向战略重点） |
| | 满足大功率风电工程的风电机组叶片 | 研发轻质+高强+大型+模块化的风电机组叶片（面向战略重点） |
| | 海上升压站平台结构设计技术 | 升压站导管架结构焊接工艺及管节点腐蚀疲劳（面向战略重点） |
| | | 装配式升压站平台结构及其基础结构设计技术（面向战略重点） |
| | | 海上升压站集成设计优化技术（面向战略重点） |
| | | 海上升压站新型结构形式（面向战略重点） |
| | | 海上电气平台核心连接结构与运营保障技术（面向战略重点） |
| | | 适合我国海洋环境和复杂地质条件的海上升压站设计理论和技术标准（面向战略重点） |
| | | 模块化和整体式海上升压站建设成套技术体系（面向战略重点） |
| | | 海上升压站关键部位的连接结构技术（面向战略重点） |
| | | 模块式升压站大变形条件下功能模块之间的连接可靠性研究（面向战略重点） |
| | 其他附属工程 | 大型海上电气平台（特别是柔性直流海上换流平台）设计技术（面向战略重点） |
| | | 海上风电场新型高电压、长距离海缆工程技术（面向战略重点） |
| | | 海上风电场交流送出系统设计方案（面向战略重点） |
| | | 海上风电场交流海缆的选型及结构设计技术（面向战略重点） |
| | | 大容量远距离海上风电场交/直流输变电工程技术（面向战略重点） |
| | | 远海风电送出系统的交互动态特性及稳定性研究（面向战略重点） |
| | | 远海风电场多直流系统之间交互作用的稳定性研究（面向战略重点） |
| | | 海上风电场柔性直流系统设计技术（面向战略重点） |
| | | 远海海域直流海缆系统设计技术（面向战略重点） |
| | | 海缆选型与设计（面向战略重点） |
| 施工建造 | 先进施工装备 | 专业施工安装船舶（协同与预防） |
| | | 海上风电安装船自运吊装装备（协同与预防） |
| | | 自动化海缆敷设机器人（引入前沿科技） |

续表

| 工程名称 | | 关键技术 |
|---|---|---|
| 施工建造 | 先进施工技术 | 漂浮式海上风电机组运输安装技术（面向战略重点） |
| | | 漂浮式基础的锚固技术（面向战略重点） |
| | | 漂浮式基础的施工技术（面向战略重点） |
| | | 施工建造技术规范体系（面向战略重点） |
| | | 高效率施工技术（面向战略重点） |
| | | 高效整体安装技术（基础-风电机组一步式安装技术）（面向战略重点） |
| | | 大直径单桩嵌岩施工设备和技术（面向战略重点） |
| | | 打桩能力方面的技术（面向战略重点） |
| | | 吊装能力方面的技术（面向战略重点） |
| | | 设备安装技术（海上分体安装技术、海上整体安装技术）（面向战略重点） |
| | | 大型钢结构制造技术（面向战略重点） |
| | | 沉桩精度控制和替打法兰防护技术（面向战略重点） |
| | | 嵌岩施工技术（面向战略重点） |
| | | 风电机组导管架基础的水下沉桩施工技术（面向战略重点） |
| | | 海上风电安装船自运吊装一体化（面向战略重点） |
| | | 能装载多台风电机组设备的自航自升式平台船的安装施工技术（面向战略重点） |
| | | 一体化施工技术（面向战略重点） |
| | | 附属设施（海上升压站、换流站等）运输与高效安装施工技术（面向战略重点） |
| 运营维护 | 综合性、智能化运维设备 | 运维船舶（协同与预防） |
| | | 主动补偿式登乘栈桥（协同与预防） |
| | | 自主化水面无人船舶（协同与预防） |
| | | 无人直升机（引入前沿科技） |
| | | 高自持能力的水下机器人（引入前沿科技） |
| | | 高性能打桩设备（协同与预防） |
| | 一体化智能化运维技术 | 海上风电行业智慧化管理技术规范和标准（引入前沿科技） |
| | | 基于大数据的风电机组故障智能诊断和预警系统（引入前沿科技） |
| | | 智能化运维技术（引入前沿科技） |

续表

| 工程名称 | | 关键技术 |
| --- | --- | --- |
| 运营维护 | 一体化智能化运维技术 | 故障维护和定检维护技术（面向战略重点） |
| | | 结构监测技术（面向战略重点） |
| | | 海上风电机组集成结构健康状态评估和损伤识别研究（面向战略重点） |
| | | 采用机器学习优化算法提前预警技术（引入前沿科技） |
| | | 基于人工智能的运维决策系统（引入前沿科技） |
| | | 基于物联网的安全管控系统（引入前沿科技） |
| | | 电气设备专家系统研究（面向战略重点） |
| | | 风场能效评估系统研究（面向战略重点） |
| | | 基于大数据分析的运维决策系统研究（引入前沿科技） |
| | | 海上风电行业的数字化智慧化平台生态体系和框架（引入前沿科技） |
| | | 海上风电一体化数据采集协同平台开发（协同与预防） |
| | | 基于“物联网+”和人工智能技术的海上风电安全管理创新研究和平台开发（引入前沿科技） |
| | | 海上风电全生命周期的建筑信息模型（BIM）应用技术（引入前沿科技） |
| | | 海上风电物联采集技术标准（引入前沿科技） |
| | | 5G、区块链技术在海上风电中的场景应用（引入前沿科技） |
| | | 海上电气平台核心连接结构与运营保障技术（协同与预防） |
| | | 海上风电场一体化监控管理技术（引入前沿科技） |
| | | 远距离海上升压站多系统管理技术（面向战略重点） |
| | | 海上安全与救援技术（面向战略重点） |

# 第 5 章

# 我国海上风电工程技术发展路径

# 5.1 影响我国海上风电工程技术发展的因素

## 5.1.1 基于专家问卷和文献资料的影响因素分析

在专家填写的问卷和对文献进行分析的基础上，本节从勘察工程、岩土工程、结构工程、施工建造和运营维护五个方面对影响我国海上风电工程技术发展的重要因素进行分析和总结，得到一系列影响因素，见表 5.1。

**表 5.1 我国海上风电工程技术发展的影响因素汇总表**

| 勘察工程 | 岩土工程 | 结构工程 | 施工建造 | 运营维护 |
| --- | --- | --- | --- | --- |
| □勘察技术水平有限<br>□缺乏勘察技术规范体系<br>□勘察设备落后<br>□室内试验设备落后<br>□勘察成本较高<br>□从业人员经验不足<br>□地形地貌、海床地质与结构等条件复杂<br>□海洋腐蚀、海冰、盐雾、水汽等特殊环境<br>□洋流、高浪、深水等复杂水动力环境<br>□地震、台风等灾害性天气<br>□缺失海上地震区划图和相应参数<br>□缺乏政策支持 | □岩土工程基础理论<br>□岩土工程测试与技术突破<br>□试验设备先进性不足<br>□从业人员缺少经验<br>□地形地貌、海床地质与结构等条件复杂<br>□环境腐蚀<br>□海流波浪、海床冲刷<br>□地震、台风等灾害性天气 | □结构设计基本理论、方法及分析工具不够完善<br>□结构相关技术尚未成熟<br>□技术规范标准体系不健全<br>□人工、材料、机械价格高<br>□地形地貌、海床地质与结构等条件复杂<br>□海洋腐蚀、海冰、盐雾、水汽等特殊环境<br>□地震、台风等灾害性天气<br>□信息获取及交流平台不完善 | □施工建造技术缺乏统一标准<br>□专业的施工安装船舶与平台缺乏<br>□长距离运输困难<br>□从业人员缺乏经验<br>□海上施工安装成本高<br>□地形地貌、海床地质与结构等条件复杂<br>□海洋腐蚀、海冰、盐雾、水汽等特殊环境<br>□地震、台风等灾害性天气<br>□窗口期短<br>□施工建造过程中对海洋环境的污染和影响<br>□采购流程、内部审批流程缓慢 | □专业的运维平台与运维船舶相对落后<br>□运营维护智能化水平不高<br>□运营维护人员缺乏经验<br>□运维成本很高<br>□运维窗口期短<br>□台风影响可达性<br>□运维专业化调度管理水平不高<br>□国内尚未制定海上风电运维船的相关规范 |

将整理得到的影响因素，通过邀请专家打分的方式，从勘察工程、岩土工程、结构工程、施工建造和运营维护五个方面，对我国海上风电工程技术影响因素的重要性进行评分（1～5 分，分数越高代表越重要），评分结果如表 5.2 所示。

表 5.2　我国海上风电工程技术影响因素重要性评分

| 海上风电工程技术 | 影响因素数量/个 | 平均分/分 |
| --- | --- | --- |
| 勘察工程 | 12 | 3.59 |
| 岩土工程 | 8 | 3.63 |
| 结构工程 | 8 | 3.77 |
| 施工建造 | 11 | 3.81 |
| 运营维护 | 8 | 3.87 |

从表 5.2 可以看出，我国海上风电勘察工程、岩土工程、结构工程、施工建造和运营维护五个方面影响因素的重要性得分均高于 3.5 分，因此，通过问卷和文献归纳出来的这些影响因素总体上都比较重要。通过第二次专家问卷调查，得到每个影响因素的重要性分数，并按重要性对这些影响因素进行排序，具体如下。

### 1. 勘察工程技术

由表 5.3 可知，勘察工程技术总体得分为 3.59 分，即表示勘察工程技术的各项影响因素对我国海上风电工程技术的影响是重要的。具体到每一项影响因素，评分大于或等于 3 分的人数超过 80%，即绝大多数专家认为所列举的各项因素是至关重要的。其中，洋流、高浪、深水等复杂水动力环境、勘察技术水平有限、缺乏勘察技术规范体系对我国海上风电勘察工程技术的影响最重要。其中，各个选项的平均分是指所有专家对该选项打分的算术平均数。

表 5.3　勘察工程技术影响因素重要性评分与排序

| 影响因素 | 各分数占比/% | | | | | 平均分/分 |
| --- | --- | --- | --- | --- | --- | --- |
| | 1 分 | 2 分 | 3 分 | 4 分 | 5 分 | |
| 洋流、高浪、深水等复杂水动力环境 | 0 | 13.33 | 26.67 | 20 | 40 | 3.87 |
| 勘察技术水平有限 | 0 | 0 | 40 | 33.33 | 26.67 | 3.87 |
| 缺乏勘察技术规范体系 | 0 | 0 | 40 | 33.33 | 26.67 | 3.87 |
| 勘察设备落后 | 0 | 13.33 | 13.33 | 53.33 | 20 | 3.80 |
| 地形地貌、海床地质与结构等条件复杂 | 0 | 13.33 | 13.33 | 53.33 | 20 | 3.80 |

续表

| 影响因素 | 各分数占比/% | | | | | 平均分/分 |
|---|---|---|---|---|---|---|
| | 1分 | 2分 | 3分 | 4分 | 5分 | |
| 室内试验设备落后 | 0 | 20 | 20 | 46.67 | 13.33 | 3.53 |
| 勘察成本较高 | 0 | 6.67 | 46.67 | 33.33 | 13.33 | 3.53 |
| 从业人员经验不足 | 6.67 | 0 | 33.33 | 53.33 | 6.67 | 3.53 |
| 缺失海上地震区划图和相应参数 | 0 | 6.67 | 46.67 | 40 | 6.67 | 3.47 |
| 地震、台风等灾害性天气 | 0 | 20 | 40 | 26.67 | 13.33 | 3.33 |
| 缺乏政策支持 | 0 | 20 | 26.67 | 53.33 | 0 | 3.33 |
| 海洋腐蚀、海冰、盐雾、水汽等特殊环境 | 0 | 26.67 | 33.33 | 33.33 | 6.67 | 3.20 |

## 2. 岩土工程技术

由表5.4可知，岩土工程技术总体得分为3.63分，即表示岩土工程技术的各项影响因素对我国海上风电工程技术的影响是重要的。具体到每一项影响因素，评分大于或等于3分的比例普遍超过80%，即绝大多数专家认为所列举的各项因素是至关重要的。其中，岩土工程测试与技术突破对我国海上风电岩土工程技术的影响最重要，试验设备先进性不足也是影响我国海上风电岩土工程技术发展的重要因素。

**表5.4 岩土工程技术影响因素重要性评分与排序**

| 影响因素 | 各分数占比/% | | | | | 平均分/分 |
|---|---|---|---|---|---|---|
| | 1分 | 2分 | 3分 | 4分 | 5分 | |
| 岩土工程测试与技术突破 | 0 | 13.33 | 13.33 | 40 | 33.33 | 3.93 |
| 试验设备先进性不足 | 0 | 6.67 | 20 | 53.33 | 20 | 3.87 |
| 地形地貌、海床地质与结构等条件复杂 | 0 | 0 | 46.67 | 33.33 | 20 | 3.73 |
| 岩土工程基础理论 | 0 | 6.67 | 40 | 40 | 13.33 | 3.60 |
| 海流波浪、海床冲刷 | 0 | 13.33 | 40 | 26.67 | 20 | 3.53 |
| 地震、台风等灾害性天气 | 0 | 6.67 | 40 | 46.67 | 6.67 | 3.53 |
| 从业人员缺少经验 | 0 | 0 | 53.33 | 40 | 6.67 | 3.53 |
| 环境腐蚀 | 0 | 20 | 33.33 | 46.67 | 0 | 3.27 |

### 3. 结构工程技术

由表 5.5 可知，结构工程技术总体得分为 3.77 分，即表示结构工程技术的各项影响因素对我国海上风电工程技术的影响是重要的。具体到每一项影响因素，评分大于或等于 3 分的比例普遍超过 80%，即绝大多数专家认为所列举的各项因素是至关重要的。其中，结构设计基本理论、方法及分析工具不够完善对我国海上风结构工程技术的影响最重要。另外，技术规范标准体系不健全，地形地貌、海床地质与结构等条件复杂，结构相关技术尚未成熟，海洋腐蚀、海冰、盐雾、水汽等特殊环境和地震、台风等灾害性天气也是影响我国海上风电结构工程技术发展的重要因素。

**表 5.5　结构工程技术影响因素重要性评分与排序**

| 影响因素 | 各分数占比/% | | | | | 平均分/分 |
|---|---|---|---|---|---|---|
| | 1 分 | 2 分 | 3 分 | 4 分 | 5 分 | |
| 结构设计基本理论、方法及分析工具不够完善 | 0 | 13.33 | 6.67 | 40 | 40 | 4.07 |
| 技术规范标准体系不健全 | 0 | 6.67 | 13.33 | 53.33 | 26.67 | 4.00 |
| 地形地貌、海床地质与结构等条件复杂 | 0 | 0 | 40 | 26.67 | 33.33 | 3.93 |
| 结构相关技术尚未成熟 | 0 | 6.67 | 13.33 | 66.67 | 13.33 | 3.87 |
| 海洋腐蚀、海冰、盐雾、水汽等特殊环境 | 0 | 0 | 46.67 | 26.67 | 26.67 | 3.80 |
| 地震、台风等灾害性天气 | 0 | 0 | 46.67 | 33.33 | 20 | 3.73 |
| 信息获取及交流平台不完善 | 0 | 0 | 53.33 | 40 | 6.67 | 3.53 |
| 人工、材料、机械价格高 | 0 | 20 | 53.33 | 13.33 | 13.33 | 3.20 |

### 4. 施工建造技术

由表 5.6 可知，施工建造技术总体得分为 3.81 分，即表示施工建造技术的各项影响因素对我国海上风电工程技术的影响是重要的。具体到每一项影响因素，评分大于或等于 3 分的比例普遍超过 80%，即绝大多数专家认为所列举的各项因素是至关重要的。其中，海上施工安装成本高，专业的施工安装船舶与平台缺乏，窗口期短，地形地貌、海床地质与结构等条件复杂，施工建造技术缺乏统一标准，以及长距离运输困难对我国海上风电施工建造技术的影响都非常大。

**表 5.6 施工建造技术影响因素重要性评分与排序**

| 影响因素 | 各分数占比/% | | | | | 平均分/分 |
|---|---|---|---|---|---|---|
| | 1 分 | 2 分 | 3 分 | 4 分 | 5 分 | |
| 海上施工安装成本高 | 0 | 0 | 0 | 60 | 40 | 4.40 |
| 专业的施工安装船舶与平台缺乏 | 0 | 0 | 20 | 26.67 | 53.33 | 4.33 |
| 窗口期短 | 0 | 6.67 | 6.67 | 40 | 46.67 | 4.27 |
| 地形地貌、海床地质与结构等条件复杂 | 0 | 0 | 20 | 53.33 | 26.67 | 4.07 |
| 施工建造技术缺乏统一标准 | 0 | 6.67 | 13.33 | 53.33 | 26.67 | 4.00 |
| 长距离运输困难 | 0 | 6.67 | 6.67 | 73.33 | 13.33 | 3.93 |
| 从业人员缺乏经验 | 0 | 6.67 | 33.33 | 53.33 | 6.67 | 3.60 |
| 海洋腐蚀、海冰、盐雾、水汽等特殊环境 | 0 | 13.33 | 26.67 | 53.33 | 6.67 | 3.53 |
| 地震、台风等灾害性天气 | 0 | 13.33 | 40 | 46.67 | 0 | 3.33 |
| 采购流程、内部审批流程缓慢 | 6.67 | 13.33 | 33.33 | 40 | 6.67 | 3.27 |
| 施工建造过程中对海洋环境的污染和影响 | 0 | 13.33 | 53.33 | 33.33 | 0 | 3.20 |

### 5. 运营维护技术

由表 5.7 可知，运营维护技术总体得分为 3.87 分，即表示运营维护技术的各项影响因素对我国海上风电工程技术的影响是重要的。具体到每一项影响因素，评分大于或等于 3 分的比例普遍超过 80%，即绝大多数专家认为所列举的各项因素是至关重要的。其中，运营维护智能化水平不高是我国海上风电运营维护技术发展的最重要影响因素，除此之外，运维专业化调度管理水平不高、专业的运维平台与运维船舶相对落后、运营维护人员缺乏经验和国内尚未制定海上风电运维船的相关规范对我国海上风电运营维护技术的影响也相当大。

表 5.7　运营维护技术影响因素重要性评分与排序

| 影响因素 | 各分数占比/% | | | | | 平均分/分 |
|---|---|---|---|---|---|---|
| | 1 分 | 2 分 | 3 分 | 4 分 | 5 分 | |
| 运营维护智能化水平不高 | 0 | 6.67 | 13.33 | 13.33 | 66.67 | 4.40 |
| 运维专业化调度管理水平不高 | 0 | 0 | 40.00 | 26.67 | 33.33 | 3.93 |
| 专业的运维平台与运维船舶相对落后 | 0 | 13.33 | 6.67 | 53.33 | 26.67 | 3.93 |
| 运营维护人员缺乏经验 | 0 | 13.33 | 6.67 | 53.33 | 26.67 | 3.93 |
| 国内尚未制定海上风电运维船的相关规范 | 0 | 6.67 | 33.33 | 33.33 | 26.67 | 3.80 |
| 运维成本很高 | 0 | 13.33 | 20.00 | 46.67 | 20.00 | 3.73 |
| 运维窗口期短 | 0 | 6.67 | 33.33 | 40.00 | 20.00 | 3.73 |
| 台风影响可达性 | 0 | 6.67 | 53.33 | 26.67 | 13.33 | 3.47 |

### 6. 其他影响因素

根据我国海上风电工程关键技术成熟度调查问卷的结果，除了勘察工程、岩土工程、结构工程、施工建造和运营维护五个方面的影响因素外，我国海上风电工程技术的发展还受以下因素的影响，如表 5.8 所示。

表 5.8　其他影响因素

| 其他因素类别 | 具体因素 |
|---|---|
| 团队 | 施工团队针对海上风电创新的主动性不强 |
| | 缺乏领军团队 |
| | 开发研究单位过于分散 |
| 政策 | 海上风电政策市场引导性不强 |
| | 对深海风电政策支持力度不够 |
| | 上网电价补贴的不可持续性 |
| | 政策不够清晰，而且政出多门 |
| | 近海、深远海的海域使用和管理 |

续表

| 其他因素类别 | 具体因素 |
|---|---|
| 装备与配套设施 | 电网接入、远海施工装备 |
| | 实时智能化服务技术 |
| | 装备设备过于分散 |
| | 运输船机的配套性能差 |
| | 缺乏具有自主知识产权的设计分析平台 |
| 相关技术 | 电气工程、水动力、机械工程 |
| | 大型施工、安装船只的研发与制造能力 |
| | 大型钢结构加工制造技术与运输能力 |
| | 结构体系创新与设计手段创新能力 |
| | 考虑风浪耦合载荷、叶片气弹稳定的整机动力分析技术、柔性直流送出技术 |
| | 风电机组基础制造、出运装船的条件和效率低 |
| | 建设成本控制水平 |
| | 漂浮式海上测风和漂浮式风电机组 |
| 规划选址 | 海上风电场的规划、选址与场地条件 |
| | 风电产业园基地规划建设的不科学性 |
| | 风电机组和叶片生产不在同一区域 |

### 5.1.2 关键影响因素归类分析

1. 关键影响因素的层次划分

通过整理汇总专家访谈问卷与相关文献，结合专家的补充意见得到了影响我国海上风电工程技术的因素。分析发现影响勘察工程、岩土工程、结构工程、施工建造与运营维护技术的因素较多。按照这些因素对相关技术影响的直接与间接关系，将其划分为三个层次四个类别。第一个层次包括工程技术和自然环境两个类别，影响最直接；第二个层次包括项目管理，第三个层次为经济社会，详见图 5.1。

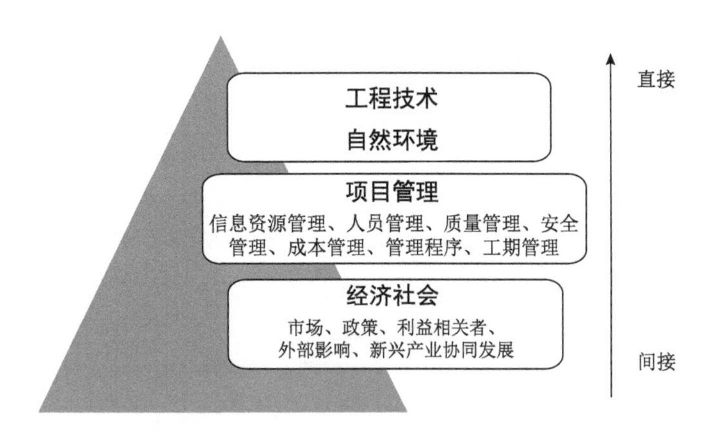


图 5.1　影响因素层次图

### 2. 关键影响因素的归类分析

勘察工程、岩土工程、结构工程、施工建造与运营维护五个方面的影响因素虽然较多，但却有很多共同性，因此对这些影响因素进行统一化处理和归类，得到表 5.9。

**表 5.9　基于影响因素层次的主要影响因素汇总表**

| 因素类别 | | | 影响因素 |
|---|---|---|---|
| 直接因素 | 工程技术 | | 基础理论 |
| | | | 技术突破 |
| | | | 设备先进性 |
| | | | 技术规范标准体系 |
| | 自然环境 | 大气环境 | 海风、水汽、盐雾、台风、海冰 |
| | | 水文条件 | 海水水质、洋流、海浪、流冰 |
| | | 地质条件 | 地形地貌、地质、海床结构、地震 |
| 间接因素 | 项目管理 | 成本管理 | 建安成本、运维成本、资金使用成本[68] |
| | | 质量管理 | 勘察准确性、设计科学性、施工合理性 |
| | | 工期管理 | 窗口期[69]、进度计划 |
| | | 安全管理 | 安全意识[70]、安全管理体系 |
| | | 人员管理 | 工作人员的素质、经验 |
| | | 信息资源管理 | 信息管理技术、信息管理平台 |
| | | 管理程序 | 采购流程、内部决策审批流程[71] |

续表

| 因素类别 | | | 影响因素 |
| --- | --- | --- | --- |
| 间接因素 | 经济社会 | 市场 | 市场竞争力、市场环境、投融资策略[72] |
| | | 政策 | 上网电价与费用分摊政策、财政支持政策、金融支持政策、税收优惠政策、风电并网政策、顶层规划 |
| | | 利益相关者 | 政府部门、投资商、整机商、勘察设计单位、施工建设单位、运维机构 |
| | | 外部影响[73] | 海洋渔业、动物栖息地、海上交通、自然生态、国防、军事 |
| | | 新兴产业协同发展 | 通用航空、气象行业、海洋牧场、海水淡化、储能、制氢 |

# 5.2 我国海上风电工程技术发展路径

## 5.2.1 我国海上风电工程技术发展路径的总体思路

1. 科学的战略选择

技术创新战略模式按竞争态势可分为技术领先战略和技术跟随战略，两者的优劣势对比如表 5.10 所示。

表 5.10 技术领先战略与技术跟随战略的优劣势对比

| 技术创新战略模式 | 优势 | 劣势 |
| --- | --- | --- |
| 技术领先战略 | 技术独占权，形成技术壁垒；<br>积累生产经验，拥有忠诚顾客；<br>初期市场垄断，获取超额利润；<br>获得专利保护，成为标准制定者 | 起点高，难度大；<br>技术可行性不确定；<br>市场风险大 |
| 技术跟随战略 | 风险较小；<br>成本较低，速度较快；<br>产品具有竞争能力；<br>市场推广更顺利 | 不易改变先入为主的思想；<br>对企业营销实力要求高；<br>竞争激烈，获得市场份额难度大；<br>竞争激烈、收益低 |

技术领先战略致力于开发新技术、新领域，是一种攻势战略，目标是先入为主，力争在市场上一直保持领先地位，需要高素质的创新要素和相对完善的创新及生产保障。技术跟随战略不急于开发新市场，而是广泛观察市场态势，在技术已被证明适应市场要求后，再进行生产和模仿，尤其致力于产品功能的改善以及产品质量的提高。技术跟随战略可以节省产品研发开支，规避产品不能适应市场的风险，但是技术领先者往往会设立技术壁垒，使后续的创新和改善具有一定的难度。

我国海上风电起步较晚，虽然发展速度较快，但仍与国际领先水平有一定差距，如在勘察工程方面技术比较落后，在岩土工程方面智能化水平与发达国家差距较大，在结构工程方面缺乏统一标准和设计规范体系，在施工建造方面设备先进性、专业性、自动化程度不高，在运营维护方面尚未研制出专业的海上风电运维船等。我国拥有较强的研发能力，有充足的人力、财力、物力资源来保障研发投入，并且能迅速拥有最新开发的产品，善于吸收与学习他人的研究成果。

为实现“形成支撑我国大规模海上风电中长期发展的工程技术体系，并处于世界先进水平，在关键工程技术方面具备自主创新发展能力”的战略目标，结合目前我国海上风电工程技术的发展基础和水平，我国海上风电工程技术发展的战略选择应为“技术跟随战略”，在吸取国外先进技术的经验的基础上，针对我国国情和不同海域情况，发挥自主创新能力，加快我国海上风电工程技术的改善与创新，尽早建立适应我国海上风电行业发展的关键工程技术体系。

### 2. 合理的技术突破方式

选择合理的技术突破方式，有利于攻克我国海上风电目前存在的关键技术难关，改变海上风电工程技术发展现状。

关于技术创新突破方式，改革开放以来我国通过大规模技术引进的方式，促进了传统产业的改造升级和结构调整，取得了显著成效。通过技术引进，可以在较短时间内以较低的代价掌握和赶超世界先进水平。技术引进是发展中国家缩短与发达国家的差距、赶超发达国家的重要途径。然而，仅靠技术引进而不注意引进技术的消化吸收，只满足于停留在引进技术的水平上而缺乏提高和自主创新，则将永远落后于先进国家，导致过几年不得不再次引进。不重视技术引进后的消化、吸收和创新，就会形成“技术引进-落后-再引进-再落后”的恶性循环。

技术消化，是指通过学习掌握并熟练使用技术；技术吸收，就是把引进的技术变为自己的技术，形成“技术引进-吸收-消化”的技术突破方式。消化、吸收是自主创新的初级阶段，对引进技术的消化吸收是自主创新的前提，要实现技术的持续发展，必须重视技术消化吸收后的再创新。

“技术引进-消化-吸收-再创新”是自主创新的重要途径，是各国尤其是发展中国家普遍采取的方式，在当今经济全球化步伐加快的情况下尤为重要。要有计划地移植国外先进技术并进行消化吸收再创新，使其国产化，从而建立引进国自己的技术体系和基础，逐渐减少对技术引进的依赖，提高自身的科技水平。

选择“技术引进-消化-吸收-再创新”的技术发展路径最符合我国国情和海上风电行业发展现状，也是容易取得成功的路径。未来海上风电行业发展过程中，应该着力于改变当前“重技术引进，轻消化吸收”的情况，注重对引进技术的消化吸收，并培育技术吸收能力，通过持续性改进与技术产品升级，演进到自主创新。

基于国际秩序变革和世界经济深度调整，我国提出构建以国内大循环为主体、国内国际双循环相互促进的新发展格局。结构性改革是国内大循环的根本保障，也是畅通国际循环的原动力；更高质量的国际循环反过来也将提升国内资源、要素市场化配置的效率，两者相辅相成。唯有坚持在推动双循环发展中防范化解重大风险，才能在不稳定不确定性因素增多的世界上立于不败之地。考虑当前的国际经济和政治环境，我国海上风电还应建立“完全自主科技创新，填补空白，补齐短板”的技术突破路径。

### 3. 充足的人才储备

随着产业规模日益加大，在我国海上风电工程技术发展与突破的同时，人才短缺问题日益突出，高级专业型人才需求不断增加。应健全人才培养体制，培养既熟悉海上风电工程技术又通晓经济、管理的高端复合型人才。

在高等院校和科研机构中，有计划地设立一批海上风电专业，增加博士学位、硕士学位授予点和博士后流动站；鼓励高等院校、科研机构与企业合作培养高端专业技术人才；建立我国海上风电技术职业教育体系，为海上风电产业提供专门的技术人才；建立我国海上风电技术培训及人才培养基地，为海上风电从业人员提供技能培训和资质能力鉴定。实现企业、高校、研究机构的人才培养产业服务体系的进一步升级。

4. 配套的制度与政策

引进技术的配套制度与政策。引进技术应与我国经济发展战略和科技战略相一致。政府相关部门对海上风电行业进行整体规划与顶层设计，保证海上风电工程关键技术有计划有步骤地引进、消化和吸收。国家、地方政府及海上风电行业主管部门从宏观政策上把握技术引进的大方向，并对引进技术进行前期的可行性研究，保证重点及难点技术的及时引进与再创新。

配套的资金支持。国家应设立海上风电工程技术重大（重点）专项基金，加大技术引进与研发的资金投入，鼓励企业与跨国公司以符合引进国家需求的技术转让方式进行交易，通过宏观政策和管理调控引导企业技术引进后的再创新与自主创新。

人才引进、培养和储备的配套制度与政策。在海上风电相关专业人才培养与人员管理方面，应引导地方政府、行业主管部门及企业提高人才培养质量，并出台科学的科研成果评价制度，激励人才创新；制定对重点领域、重点企业及重点技术人才的奖励制度，提升关键岗位及急缺人才的待遇水平。

### 5.2.2　基于影响因素的我国海上风电工程技术发展路径分析

1. 工程技术

这里针对基础理论、技术突破、技术规范标准体系与设备先进性四个方面梳理分析了发展路径。

1）基础理论

海上风电前沿基础理论是海上风电技术突破、行业革新、产业化推进的基石。要想取得最终的话语权，我国必须在基础理论和前沿技术方面取得重大突破。瞄准海上风电工程技术相关学科前沿，通过海上风电与其他学科的交叉融合，重点聚焦目前海上风电行业的重大基础性科学问题，形成科学的理论体系，为构建我国自主可控的海上风电技术创新发展提供领先的理论支撑。出台激励人才创新制度，鼓励科研人员瞄准海上风电学科前沿方向，开展引领性原创科学研究。从企业、高校到行业主管部门、地方政府，应加大科研投入，鼓励海上风电企业与高校合作，建立重点实验室，引进或培养尖端科研人才，打通国际合作交流渠道，为海上风电工程基础理论的建立、发展和创新提供条件或平台。具体实施路径如下。

（1）瞄准海上风电工程技术学科前沿。

（2）鼓励海上风电工程技术与其他学科交叉。

（3）引进和培养尖端科研人才。

（4）建立激励人才创新制度。

（5）加大科研投入。

（6）建立重点实验室。

（7）引进和研发先进试验设备。

（8）鼓励产学研相结合。

（9）打通国际合作交流渠道。

（10）加强创新团队建设。

2）技术突破

能否在战略性、前瞻性领域取得关键核心技术的突破，决定着我国海上风电行业能否持续保持核心的竞争力。在确定技术跟随战略方向的基础上，尽快培育一批能够支撑海上风电重大战略需求、引领未来科技变革方向、参与国际竞争合作的创新力量。要加快建立健全创新体制机制，而创新驱动的本质是人才驱动，所以必须把完善鼓励创新机制、激发创新要素活力作为关键任务来抓。同时地方企业也要始终把人才建设作为一项重要工作。通过实践项目建设培养人、造就人，提升人员专业技能和综合素质的相关制度。具体实施路径如下。

（1）建立“技术引进-消化-吸收-再创新”的技术突破路径。

（2）建立“完全自主科技创新，填补空白，补齐短板”的技术突破路径。

（3）引进和培养尖端科研人才。

（4）建立激励人才创新制度。

（5）加大科研投入。

（6）建立重点实验室。

（7）引进和研发先进试验设备。

（8）鼓励产学研相结合。

（9）打通国际合作交流渠道。

（10）加强创新团队建设。

3）技术规范标准体系

针对工程技术中存在的技术规范标准体系不健全问题，一方面需要借鉴欧洲等风电先进国家的经验；另一方面也要结合我国海上风电的特点逐步摸索创新方式，走出一条合适的发展道路。应由国家能源主管部门或海上风电行业协会牵头、科研院所与高校主导、领军及标杆企业参与，梳理出海上风电工程相关规程规范，建立完善我国的海上风电工程技术规范标准体系，指导行业技术发展。以工程实践、工程试验、工程监测和理论研究为编制依据，遵循国际最新设计理念，同时积极贯彻国家节约能源、节约资源和环境保护的方针，提出先进的技术指标，建立海上风电行业技术规范标准体系。具体实施路径如下。

（1）借鉴欧洲海上风电工程技术规范标准体系。

（2）以海上风电工程实践及成熟理论为依据。

（3）海上风电工程技术规范标准体系体现可持续发展理念。

（4）建立具有技术先进性的技术规范标准体系。

（5）国家能源主管部门与海上风电行业协会牵头。

（6）科研院所与高校主导。

（7）领军与标杆企业参与。

4）设备先进性

针对工程技术中存在的设备落后问题，从技术创新战略模式选择的角度出发，建议选择技术跟随战略，选择从国外引进先进的设备，结合我国的海上风电环境进行适当改造，然后运用到我国的工程实践中，形成“技术引进-吸收-消化-再创新”的技术突破方式。通过中青年学术技术带头人和创新人才队伍建设等方式增加相关人才储备，完善人才评价体系。坚持平等竞争、动态管理的原则，逐步实行公平竞争、优胜劣汰、能进能出、能上能下、择优扶持的管理培养机制，以确保人才工作的高效有序和高质量。同时企业、地方政府及国家应增加科研投入、人才培养经费，出台鼓励出国学习、深造的政策或制度。具体实施路径如下。

（1）选择技术跟随战略。

（2）形成“技术引进-吸收-消化-再创新”的技术突破方式。

（3）建立“完全自主科技创新，填补空白，补齐短板”的技术突破路径。

（4）注重人才激励、评价与培养。

（5）增加科研投入。

### 2. 自然环境

这里针对大气环境、水文条件与地质条件三个方面梳理分析了发展路径。

1）大气环境

对深远海海上风资源分布、风力、风向等信息的掌握是海上风电工程设计的基础，目前风资源评估技术方面尚存在较大的提升空间，今后建议重点发展该项技术。对于自然灾害天气，需充分考虑荷载变化，发展荷载仿真技术，优化结构设计。对于寒冷海域的冰冻现象，需充分考虑冰冻对材料和结构的破坏作用，注重新型抗冻材料的研发。同时加强施工工序及方案的持续改进，并尽量将海上作业转移至陆上，缩短海上作业时间。建立特殊天气作业规范和制度，对现场施工人员进行培训，加强作业人员的安全意识，提高作业效率。建立智能化的大气环境监测、评价、控制系统，降低大气环境对海上风电工程结构的影响。具体实施路径如下。

（1）发展风资源评估技术。

（2）发展荷载仿真技术。

（3）研发新型抗冻材料、结构。

（4）优化施工工序。

（5）将海上作业转移至陆上。

（6）建立特殊天气作业规范和制度。

（7）对现场施工人员进行培训。

（8）建立智能化的大气环境监测、评价、控制系统。

2）水文条件

海水水质带来的环境腐蚀问题、洋流、海浪与流冰等复杂的水文环境下的风电机组安全运转问题，成为制约海上风电工程发展的主要因素之一。建议加快相应技术的研发或引进，如海上风电基础防冲刷技术、海洋腐蚀性测定与分析预测技术、新型防腐蚀涂层与材料、专用安装维护设备等。利用“技术引进-消化-吸收-再创新”的技术发展路径，有计划地移植国外先进技术并进行消化吸收，根据我国水文条件的具体特征，因地制宜地建立我国自己的技术体系。同时加强对专业技术及管理人才的培养，建立专业的海上施工、运维团队，提高工作效率与质量。具体实施路径如下。

（1）发展海上风电基础防冲刷技术。

（2）研发或引进海洋腐蚀性测定与分析预测技术。

（3）研发或引进新型防腐蚀涂层与材料。

（4）研发或引进专用安装维护设备。

（5）利用“技术引进-消化-吸收-再创新”的技术发展路径。

（6）加强对专业技术及管理人才的培养。

（7）建立专业的海上施工、运维团队。

3）地质条件

我国海域辽阔，海底地形、地貌、地质、结构等条件复杂多样，地震破坏性大，这些都给海上风电工程的设计、施工建造等带来了困难。需要重点加快发展海底地形勘察数值模拟与卫星遥感技术，静力触探技术，地质灾害的识别、评价和防控智能化技术等，解决地质条件复杂所带来的问题。同时应加强对人才的培养，提高相关人员的专业知识能力，保证人员的实际能力与最新技术匹配。发展以企业为主体的技术创新人才培养制度，培养一批高层次的技术创新带头人，进而增强企业技术创新的能力。具体实施路径如下。

（1）发展海底地形勘察数值模拟与卫星遥感技术。

（2）发展静力触探技术。

（3）发展地质灾害的识别、评价和防控智能化技术。

（4）加强对人才的培养，提高相关人员的专业知识能力。

（5）发展以企业为主体的技术创新人才培养制度。

### 3. 项目管理

这里针对成本管理、质量管理、工期管理、安全管理、人员管理、信息资源管理与管理程序七个方面梳理分析了发展路径。

1）成本管理

海上风电项目的成本大约是陆地成本的两倍。海上风电场成本主要由以下几个部分构成：设备购置费、建安成本、运维成本、利息。各部分占总成本的比例不同，对总成本的影响也不尽相同。其中除了设备购置费占总成本的比例较大外，建安成本占比居于第二位。随着海上风电行业向深远海的发展，大功率风电机组得到不断的研发与应用，与之配套的新型结构急需跟进。海上风电工程需要在建设规模化，基础形式多样化，设计方案稳定化，勘察、施工专业化与智能化等方面实现全面升级，全面降低建安成本。特别是漂浮式基础的研发设计与大规模应用，对建安成本的降低具有重要的意义。

海上风电工程竣工交付使用后，未来10年甚至更长时间内，都处于运营维护阶段。从海上风电工程全生命周期成本构成看，运维成本占比最高。建立专业化的海上风电运维机构，通过规模化运营、专业化维护、科学化调度、智能化管控的运维模式，将大幅提高运维效率，降低运维成本。

海上风电项目投资金额大、资金需求密集，应优化项目投资结构，合理设计资金还款计划，使资金使用成本降低到合理的范围之内。

国家以及地方政府应明确政策预期，保持海上风电行业政策的延续性，出台相关补贴、奖励等政策制度，帮助海上风电行业顺利地转型。具体实施路径如下。

（1）大功率风电机组的研发与规模化应用。

（2）钢-混凝土组合结构的设计与应用。

（3）设计-施工-运维一体化体系的研发。

（4）建设规模化。

（5）勘察、施工的专业化与智能化。

（6）规模化运营、专业化维护、科学化调度、智能化管控的运维模式。

（7）优化项目投资结构，降低资金使用成本。

（8）海上风电行业价格补贴等相关政策的延续。

2）质量管理

质量管理方面，首先加强地质勘测质量控制，对地质勘测的各个环节实行有效监督，推行勘测设计监理制度，对结果的准确性进行后评估，作为后续项目选择地勘团队的依据，确保数据的可靠性。通过加强与业主、设计院和风电机组厂商的沟通，共同探索适合国情的、符合各方利益的、切实可行的一体化设计组织方案，避免沟通不畅导致的质量问题。同时要注重加强相关专业设计人员的专业知识储备以及实践能力，制定合理科学的施工现场工程质量管理制度。施工质量要得到保证，最主要的是一定要严格按照相关的国家规范和有关标准的要求来完成每一道工序，严禁偷工减料。必须贯彻执行“三检”制，即自检、专检、联检，通过层层检查，验收合格后方允许进行下一道工序施工，从而确保整个工程的质量。具体实施路径如下。

（1）推行勘测设计监理制度。

（2）推行设计-制造-运输-装配-运维一体化运作方式。

（3）建立施工现场的工程质量管理制度。

（4）专业人才的培养与储备。

3）工期管理

工期管理方面，在技术上，针对图纸以及现场施工中存在的技术难点，采取切实可行的专项技术方案、技术措施，以成熟的新技术、新工艺、新设备来缩短各施工工序的施工时间，做到既保证质量又缩短工期。在组织管理方面，施工前期，对于需政府处理的部分及时组织协调，切实保证落实到位，同时做好施工相关许可证的办理，避免影响后续施工；根据设计图纸和现场施工条件，制定出详尽合理的工期进度计划，包括施工计划的细化和优化，完善施工组织设计。在施工期，根据工程进度的需要，对节假日、休息日进行合理安排。加强施工组织管理，使各部分工序以最大限度进行合理搭接，保证施工流水能按计划正常运转，前道工序为后道工序创造良好的环境，提高工作效率。充分发挥施工组织管理的优势，成立多个施工队伍，组织多个流水作业班组，开设多个工作面，按工区、工序流水施工，进行全过程监控，确保实现工期目标。发展整体吊装技术，减少海上作业时间。具体实施路径如下。

（1）采取切实可行的专项技术方案、技术措施。

（2）采用成熟的新技术、新工艺、新设备。

（3）优化施工计划。

（4）加强施工组织管理。

（5）发展整体吊装技术。

4）安全管理

安全管理方面，海上风电施工中无论是单桩插打、风电机组安装还是升压站吊装，都属于难度大、风险高的分部分项工程，如何确保安全顺利吊装到位是安全管理的重点。安全技术是安全管理的底线，坚持底线思维是确保安全管理的根本。应坚持方案先行，留够安全系数和设置安全冗余，提前做好过程中的风险点分析工作；加强施工、运维人员的安全意识，营造良好的安全施工运维氛围。依托先进的科学设备、专业的信息管理人员实施操作，建设我国海上风电安全管理信息系统，包括天气预报系统、雷达监控系统、红外线夜间监测系统等，实现全面有效的安全管理。发展无人机施工与运维技术，降低人员操作过程中的各种安全风险。具体实施路径如下。

（1）提前做好过程中的风险点分析。

（2）留够安全系数、设置安全冗余。

（3）加强施工人员的安全意识，进行安全培训。

（4）建设海上风电安全管理信息系统。

（5）发展无人机施工与运维。

5）人员管理

人员管理方面，积极吸收国外风电的技术经验，加强人才之间的交流培训，加强人员的知识储备量与实践经验，培育海上风电的高水平外业人员和内业人员。通过出国学习、企业之间的考察交流、产学研交流学习等活动，形成产业和人才的良性互动。同时国家、地方政府以及相关企业出台奖励、补贴等鼓励性政策，为海上风电行业人才培养、人员管理营造良好的氛围。具体实施路径如下。

（1）出台人才激励政策与机制。

（2）在高等院校和科研机构中，设立海上风电专业，增加博士学位、硕士学位授予点和博士后流动站。

（3）鼓励高等院校、科研机构与企业合作培养高端专业技术人才。

（4）建立我国海上风电技术职业教育体系。

（5）建立我国海上风电技术培训的人才培养基地。

（6）鼓励出国学习。

（7）加强企业之间的交流学习。

6）信息资源管理

信息资源管理方面，海上风电信息化建设的实施，必然对海上风电的施工、运营维护和有效管理提供很大的帮助。海上风电企业可以通过“技术引进-消化-吸收-再创新”的方式，结合我国实际情况，积极与高校院所、科研机构展开交流合作，推动信息技术设计方案的落实。同时国家、政府也应加快相应的技术保障制度的升级，调研并摸清我国海上风能资源、海底建设条件、环境基础条件的实际情况，推动以我国海上风能资源、建设条件等为信息内容建设一个完整的数据库，从而建立我国海上风电发展的基础数据支撑系统，以全面支撑我国海上风电的开发。具体实施路径如下。

（1）发展GIS技术。

（2）发展BIM技术。

（3）发展传感技术。

（4）开发自然条件信息系统。

（5）开发风电机组信息系统。

（6）开发支撑结构信息系统。

（7）开发海底建设条件信息系统。

（8）开发海上地震区划图与地震参数。

（9）培养海上风电与信息专业的交叉人才。

7）管理程序

管理程序方面，企业应调整精简管理程序，或将部分阶段整合进行统一审批，节约审批时间，避免不必要的审批流程。风电项目的采购流程、审批时间过长，同时企业采购流程较为烦琐，如遇突发状况，可能无法及时解决问题，将给整个项目带来一定的风险。建议企业在前期编制采购计划时，对可以预见的风险进行预判及估计，设置一笔经费用于突发情况的处理，并将决策权限下放至运营维护阶段的最高级别管理人员；也可以针对运营维护阶段的特殊情况设置单独的管理流程和额度限制，以便及时解决问题。具体实施路径如下。

（1）精简项目管理流程。

（2）优化采购流程。

（3）运营维护阶段单独设置管理权限。

### 4. 经济社会

这里针对市场、政策、利益相关者、外部影响和新兴产业协同发展五个方面梳理分析了发展路径。

1）市场

市场竞争力方面，当前我国海上风电产业发展主要依靠政策驱动。虽然近年来我国已逐步加大对海上风电产业发展的支持力度，但一个产业的健康可持续发展，除需要不断完善政策、加强政策的引导外，更需要市场机制发挥作用。但部分企业发展海上风电的主要目的是通过获取配额来发展常规能源发电，导致海上风电产业发展缺少持续的市场拉动力。

建立强制性的市场保障政策，形成稳定的市场需求；同时在我国海上风电的下一阶段发展中，必须通过技术创新和规模化开发，尽快摆脱补贴依赖，通过市场化方式实现快速发展；实施电价补贴政策，鼓励海上风电开发。

市场环境方面，当前海上风电的发展需要一个良好的市场环境。应打破地方保护主义现象，为风电产业营造公平竞争的良好市场环境。地方政府应该从长远利益出发，充分发挥调解作用，让风电产业在自由竞争的环境中健康成长，这样才能实现提高技术水平、降低度电成本、促进产业健康发展的良性循环。

鼓励具有较高资金能力的国家电力企业积极、主动参与到海上风电项目的开发、投资与建设中，通过政策引导鼓励社会资金投入到海上风电行业，使海上风电行业逐步实现市场化。具体实施路径如下。

（1）建立强制性的市场保障政策，形成稳定的市场需求。

（2）通过技术创新和规模化开发，尽快摆脱补贴依赖。

（3）继续实施电价补贴政策，鼓励海上风电开发。

（4）打破地方保护主义现象，营造公平竞争的良好市场环境。

（5）鼓励公私合营，使海上风电行业逐步实现市场化。

2）政策

目前海上风电受重视程度不够，还有待有关层面大力支持。国家需在可再生能源补贴、海上风电工程立项、上网电价与费用分摊、财政支持、金融支持、税收优惠、风电并网等政策层面，给予海上风电行业持续的政策支持，对我国海上风电行业的发展进行统一规划和布局，制定我国海上风电发展的技术路线图。建立与健全海上风电项目的全流程审批监管体系，引导海上风电行业的健康发展。出台相关政策，注重海洋环境保护和海域资源节约。统一思想，建立行业规范和标准体系。从规划、政策、科技创新体系、重大产业和项目布局等方面给予海上风电行业明确的引导。具体实施路径如下。

（1）出台可再生能源补贴、海上风电工程立项、上网电价与费用分摊、财政支持、金融支持、税收优惠、风电并网等方面的政策。

（2）对我国海上风电行业的发展进行统一规划和布局，制定我国海上风电发展的技术路线图。

（3）建立与健全海上风电项目的全流程审批监管体系。

（4）出台相关政策，注重海洋环境保护和海域资源节约。

（5）统一思想，建立行业规范和标准体系。

（6）从规划、政策、科技创新体系、重大产业和项目布局等方面给予海上风电行业明确的引导。

（7）建立引进技术的配套制度与政策。

（8）设立海上风电工程技术重大（重点）专项基金。

（9）出台鼓励研发资金投入的政策。

3）利益相关者

海上风电产业链相对完整，但各利益相关者融合度不够。需要整合政府部门，投资商，整机商，勘察、设计方，施工建设单位，运维单位等各自的优势，打通接口，全方位、系统性地进行融合，共同解决海上风电项目问题。

就政府部门来讲，要统一海上风电行业发展思想，健全海上风电项目的全流程审批监管体系，建立行业规范和标准体系。具体实施路径如下。

（1）统一行业发展思想。

（2）健全全流程审批监管体系。

（3）建立行业规范与标准体系。

就投资商来说，要整合好各方面资源，统筹规划、开放创新、加强合作，理性看待当前的市场和供应链体系，建立相应的供应商数据库，为科学地选择供应商提供基础和依据。具体实施路径如下。

（1）统筹规划。

（2）加强各方合作。

（3）建立供应商数据库。

就整机商与勘察、设计方来说，加强彼此的沟通，打通设计施工一体化环节的壁垒，使设计方案更加科学、合理，增加支撑结构设计的安全性、可靠性和适用性，降低造价，保证海上风电机组的正常高效运转。具体实施路径如下。

（1）打通设计施工一体化环节的壁垒。

（2）增加支撑结构设计的安全性、可靠性和适用性。

就施工建设单位而言，在设计阶段就需提前介入，结合工程实践经验和海上自然环境条件，与设计方和整机商不断进行沟通与交流，保证设计方案的正常实施，避免工程变更造成的损失。具体实施路径如下。

（1）提前介入项目。

（2）结合工程实践提出设计建议。

就运维单位而言，需从设计阶段介入，参与施工建设全过程。结合运维经验，对海上风电项目经常和容易出现的问题在设计前进行反馈，将最新的运维技术和手段在施工建设阶段进行具体落实，保证运维过程中海上风电项目少出问题，并实现运维的智能化运作。具体实施路径如下。

（1）从设计阶段开始介入，参与施工阶段全程。

（2）结合运维实践在设计阶段提出建议。

（3）将最新运维技术和手段在施工建设阶段进行具体落实。

（4）研发设计、制造、运输、安装施工与运维一体化的建造技术。

（5）建立海上风电产业园区。

总体来说，通过海上风电产业链的配合和联动，可降低成本，提高建设和运维效率。

4）外部影响

海上风电的建造会对外部环境造成影响，例如，在广东某海上风电场施工过程中，打桩噪声造成附近国家一级保护海洋生物死亡；海上风电场施工将对部分渔民的养殖活动造成影响；运营期间，海上升压站的电磁辐射对周围的海洋环境造成一定影响；海上风电场如果靠近航道，密布的风电机组可能影响附近船只的航行；海上风电场的选址也可能会影响到国防工程和军事活动等。具体影响如下。

（1）施工噪声、电磁辐射影响养鱼业。

（2）密布的风电机组、施工运维过程中的船舶和直升机，影响海上交通、民航、国防、军事。

海上风电开发从近海向远海逐步发展，一方面，应充分利用近海资源，减少全生命周期的资源投入，事前进行充分论证，减少规划不协调引起的不利影响；另一方面，加强海上电站与海洋渔业、牧场、潮汐、太阳能等的综合开发与利用，最大限度地利用同一地区的不同资源，形成能源与资源岛效应，做到不同资源利用后统一送出。具体实施路径如下。

（1）协同外部影响部门对项目实施方案进行充分的前期论证。

（2）协同相关产业进行资源整合和融合，提升资源利用水平。

5）新兴产业协同发展

海上风电与通用航空协调发展。直升机的应用跟船舶的应用是不冲突的。直升机最显著的特点是速度快，这不仅可以尽快排除风电机组故障，恢复风电机组运行，减少对收益的影响，还可以提升技术人员自身的“产能”。在海上风电领域中，直升机的安全等级比船舶高出 10 倍。海上风浪较大的情况下，从风电机组上下船的过程非常危险，当我们的工程人员的生命安全受到威胁的时候，直升机几乎是目前唯一的解决方案。我国海上风电事业向深远海领域探索后，直升机施工与运维技术的重要性不容小觑。

应该大力发展直升机和无人机施工运维技术，加强与航空产业的紧密联系，形成与现有船舶运维互补的高效、智能的运维体系，通过海上风电的快速发展引领航空产业进入新的发展阶段。

海上风电与气象行业协调发展。海上风电施工和运维过程中，会面对非常多的天气所造成的风险，包括台风造成的风电场和风电机组的故障，低能见度导致的船舶碰撞，以及常见的风浪和雷雨天气对人身财产安全等带来的影响。气象条件恶劣，也会给海上风电项目建设的窗口期带来很大的影响。

从气象灾害防御技术研究、服务机制建立、服务规范制定三个层面，建立起持续高效的联合监测、信息共享、技术研发、服务合作和沟通交流机制，制定相应的气象服务规范，建立气象灾害应急联动启动标准，提升海上风电场建设、运行和维护的气象灾害防御能力以及气候资源应用能力。

海上风电与海洋牧场行业协调发展。海洋牧场与海上风电作为海洋经济的重要组成部分，在提供优质蛋白和清洁能源、改善国民膳食结构和促进能源结构调整、推动供给侧结构性改革和新旧动能转换等方面具有重要意义。但目前我国尚未有海洋牧场与海上风电融合发展的先例，亟待通过试验研究海上风电与海洋牧场的互作机制，查明海上风电对海洋牧场的影响机理，建立海洋牧场与海上风电融合发展新模式，实现清洁能源与安全水产品的同步高效产出。

海洋牧场与海上风电融合发展模式创新是二者融合发展的主要技术瓶颈，未来研究过程中应注意以下内容。

生态优先，创新海洋牧场与海上风电融合发展技术体系。在远离生态保护红线区域，严格控制规模，因地制宜地开展海洋牧场与海上风电融合发展试点试验；坚持生态优先，优化风电机组基础与人工鱼礁的融合方式，为牧场生物资源繁殖、生长构建优质的生态环境；坚持技术创新，加强环境友好型海上风电机组研制、生态型运维技术的研发；制定海洋牧场与海上风电融合发展标准、规范，为新技术的推广应用提供良好的市场环境；提高海洋牧场与海上风电融合发展技术原理研究水平以支撑核心技术创新，提高核心技术竞争力；推动形成科研院所与企业、农（渔）民密切合作的产业技术创新联盟，促进成果转化应用。

科学布局，构建海洋牧场与海上风电融合发展监测体系。加强调研学习，总结国际海水增养殖与海上风电融合发展案例，结合本地调查和模型评估，科学选择适于海洋牧场与海上风电融合发展的区域；加强长期跟踪监测调查研究，构建海洋环境和海洋生物长期监测数据资料库，突出监测群体与监测方式的多样化，确保监测数据的准确性，科学评价海上风电生态效应；科学布局，优化实施方案，保护生态环境，降低海上风电对海洋牧场生物资源的影响；坚持科学发展，稳步推进，探索出一条可复制、可推广的海域资源集约生态化开发之路。

明确定位，完善风险预警防控和应急预案管理体系。明确海洋牧场与海上风电融合发展试点目标定位，依法、依规、依政策稳步推进，严格遵守海岸线开发利用规划、重点海域海洋环境保护规划等政策要求；加强融合发展试点与海洋功能区划、海岸线开发利用规划、重点海域海洋环境保护规划、产业布局等统筹协调；明确各级政府、科研院所和相关企业的发展责任，并作为约束性指标进行考核；加强海上风电机组建设、运行过程中对牧场环境资源的实时监测，健全海洋牧场与海上风电融合发展风险预警防控体系和应急预案机制。

海上风电与海水淡化行业协调发展。海水淡化已成为当前解决淡水资源危机的战略选择，是战略性新兴产业。然而，我国海水淡化产业发展情况却不容乐观。我国海水淡化工作开展晚，尚处于起步阶段，其政策措施、技术规范的出台相对滞后，一些关键问题还没有相应的解决措施。需要水利部门加快研究制定适应非常规水源发展需求、管理等的相关制度、政策、规划、标准等。

现在我国存在风力发电机产量过剩、海水淡化找不到好的市场等问题，将两者结合，探索“水电联产”设立海水淡化研发基地，如开展海洋能源资源普查，探索集风能、太阳能、波浪能等发电于一体的独立电力系统应用研究，推进海水淡化系统和技术产业化应用，在海水资源丰富、电力资源充裕的地区设立海水淡化研发基地，探索“水电联产”的新型模式。

海上风电与储能协调发展。将海上风电与储能技术按照基本原理、储能技术特点相结合，利用海上风电技术实现储能产业发展，但目前技术不成熟，且成本较高。海上风电的发展应结合当前行业对储能的需求，加大对海上风电技术和储能技术的突破，深入研究海上风电储能系统，实现海上风电与储能行业的高效协调发展。

海上风电与制氢协调发展。考虑到制氢的基本原理、制备氢气的工艺特点，以及海风、风电产业特点，利用海上风电与制备氢气的技术，将海上风电与制氢技术结合发展。利用弃风来制氢可以大大降低地区弃风率，同时提高地区风电装机规模。风电制氢、储氢及综合利用的研究为风电消纳提出了一种新模式。采用电网用电低谷时被限掉的风电制氢，通过对制取的氢气进行高密度、长时间储存，再以高效、零排放的方式利用氢气，是解决风能限电问题、提高风能供给的连续性和稳定性的重要技术途径。应对海上制氢技术、储氢技术、环境问题与燃气平台的安全共处等进行深入研究，使发展氢能成为能源转型的技术路线之一，研究风电与制氢协调发展新模式。具体实施路径如下。

（1）海上风电与通用航空协调发展，大力发展直升机和无人机施工运维技术。

（2）海上风电与气象行业协调发展，建立联合监测、信息共享等机制，制定气象服务规范与标准。

（3）海上风电与海洋牧场协调发展，坚持生态优先、科学布局与定位。

（4）海上风电与海水淡化协调发展，探索“水电联产”的新型模式。

（5）海上风电与储能协调发展，加快技术突破，深入研究海上风电储能系统。

（6）海上风电与制氢协调发展，重点关注海上制氢技术、储氢技术、环境问题与燃气平台的安全共处等技术研究与突破。

# 第 6 章

# 我国海上风电工程技术发展政策建议

我国海上风电工程技术发展政策的实施，需要科技部、工业和信息化部、国家自然科学基金委员会、国家能源局、财政部等多部门的配合与落实，因此，结合我国海上风电工程技术，本章分别将各项政策进行归口梳理和归纳。

## 6.1 科技部相关政策

科技部负责贯彻落实党中央关于科技创新工作的方针政策和决策部署，在履行职责过程中坚持和加强党对科技创新工作的集中统一领导。海上风电行业目前正处于转型发展期，面对当前的全球经济形势，本节围绕勘察工程、岩土工程、结构工程、施工建造和运营维护 5 个方面提出我国亟待突破的海上风电工程系列关键技术，尽快实现海上风电工程关键技术的创新和技术进步。

### 6.1.1 勘察工程技术

（1）勘察工程技术规范体系。

（2）深海海域风能资源测量标准与方法。

（3）海上风电场风功率预测系统。

（4）海上风能资源开发评估体系。

（5）深远海海域风电场水文设计参数评价方法。

（6）机位点选址技术。

（7）潜器勘测技术。

（8）特殊地质勘察技术。

（9）静力触探技术。

（10）三维综合勘探技术。

（11）海洋勘测数据资源整合关键技术。

### 6.1.2 岩土工程技术

（1）海洋岩土规范体系。

（2）无扰动或低扰动取样技术。

（3）土样的非扰动保存与运输技术。
（4）特殊地质评价技术。
（5）地质灾害的识别、评价和防控技术。
（6）高灵敏度现场原位试验技术。
（7）海洋土动力特性试验技术。
（8）获取土体动刚度和阻尼技术。
（9）大直径桩试验技术。
（10）不同岩层埋深设计技术。
（11）海床地基处理技术。
（12）海洋腐蚀性测定与分析预测。

### 6.1.3　结构工程技术

我国海上特别是深海海域，自然环境较为恶劣。强台风可以使风电工程结构直接毁损；在波浪、地震等的作用下，海床地基液化导致结构破坏；严寒会产生海冰，破坏风力机基础影响结构安全；低温会使风电工程各种材料的性能下降；海水和盐雾的长期腐蚀对结构材料提出了新的要求。新型海上风电机组支撑结构体系的研发、机组支撑结构防灾技术、新型材料的研发等有利于海上风电行业工程技术水平的提升。

#### 1. 机组支撑结构（包括基础、塔筒）体系研发

（1）海洋环境和复杂地质条件下的海上风电工程结构设计技术标准与规范体系。
（2）自安装式基础研发与优化设计。
（3）漂浮式基础研发与优化设计。
（4）新型大直径无过渡单桩、嵌岩桩、复合单桩成套技术。
（5）装配式可拆卸、可更换、高性能塔筒结构和基础结构研究与设计。
（6）自调频结构设计技术。
（7）塔筒结构设计技术。
（8）远海漂浮式风电机组的防船撞结构设计技术。
（9）塔架基础存放及吊安装的防变形设计技术。
（10）一体化设计技术。

### 2. 机组支撑结构防灾技术

（1）结构抗震设计技术。
（2）结构抗冰设计技术。
（3）海上风电结构整体耦合设计技术。
（4）海上风电结构振动监测与防控技术。

### 3. 加强海洋工程材料和关键零部件的研发

（1）轻骨料混凝土。
（2）珊瑚骨料混凝土。
（3）海水海砂混凝土。
（4）超高性能混凝土。
（5）高性能纤维复材。
（6）高强钢材、耐蚀钢筋。
（7）不锈钢/耐蚀钢。
（8）疏盐材料。
（9）超高分子量纤维缆绳。
（10）大抓力嵌入锚。
（11）张力筋连接器。

### 4. 满足大功率风电工程的风电机组叶片研制

研发轻质+高强+大型+模块化的风电机组叶片。

### 5. 海上升压站平台结构设计技术

（1）海上升压站新型结构设计技术。
（2）海上升压站集成设计优化技术。
（3）模块化和整体式海上升压站建设成套技术体系。
（4）海上升压站关键部位的连接结构技术。

### 6. 其他附属工程

（1）大型海上电气平台设计技术。

（2）海上风电场新型高电压、长距离海缆工程技术。

（3）海上风电场交流海缆的选型及结构设计技术。

### 6.1.4　施工建造技术

我国海洋环境复杂多变，施工建造窗口期短，影响海上风电工程项目的实施进度，导致工期延误，带来较大的经济损失。相较于近海、浅海的施工安装，深远海的海上情况更加复杂，施工建造及安装更加困难，需要具有针对性的、专业化的施工建造安装技术。

（1）海上风电工程施工建造技术规范体系。

（2）漂浮式基础运输与施工安装技术。

（3）大直径单桩嵌岩施工技术。

（4）大型钢结构制造技术。

（5）水下沉桩施工技术。

（6）基础-风电机组一步式安装技术。

（7）研发设计、制造、运输、安装与施工一体化的建造技术。

（8）海上设备分体安装技术和整体安装技术。

### 6.1.5　运营维护技术

传统的运营维护方式是被动的、间断的、粗放的。深远海自然条件较为恶劣，运营维护船只的可达性较差，海上风电场对同一开发企业来说分布比较零散，增加了运维难度和运维成本。发展智能化、一体化的运维技术非常必要，主要包括以下内容。

（1）海上风电行业智慧化管理技术规范和标准。

（2）智能化运维技术。

（3）结构无线监测技术。

（4）故障维护和定检维护技术。

（5）海上风电行业的一体化数据采集协同平台。

（6）海上风电物联采集技术标准。

（7）5G、区块链技术在海上风电中的场景应用。

（8）海上风电场一体化监控管理技术。

（9）海上安全与救援技术。

## 6.2 工业和信息化部相关政策

工业和信息化部承担着振兴装备制造业组织协调的责任，组织拟订重大技术装备发展和自主创新规划、政策，依托国家重点工程建设协调有关重大专项的实施，推进重大技术装备国产化，指导引进重大技术装备的消化创新。

中国沿海的极端气象海洋灾害（台风、寒潮大风、风暴潮、台风浪、异常流、海平面上升、海啸等）较多，特别是在风资源丰富的海域，波浪条件更为恶劣，局部海域潮差大、波高、波长强度大，对勘探与试验设备、施工运维船只与设备、海上风电机组提出了更高的要求，工业和信息化部应尽快出台推动我国海上风电工程勘察、施工与运维发展的相关建议。

### 6.2.1 勘察工程技术

（1）集高精度定位、勘探取样等于一体的综合勘察船。

（2）百米级水深智能勘探平台。

（3）集钻探和测试于一体的数字化勘探设备。

（4）具有海浪补偿、自动升降和智能调压功能的海洋钻机。

（5）具有智能监测系统的钻探设备。

（6）配备无人艇、3D 声呐的自动海洋调查设备。

（7）静力触探设备。

（8）自主飞行、水下及海底自主行走的无人探测设备。

### 6.2.2 岩土工程技术

动参数物理试验装备。

### 6.2.3 结构工程技术

（1）具有完全自主知识产权的国产大型海上风电机组研发设计与制造。

（2）出台海上风电机组的法定检验要求。

### 6.2.4 施工建造技术

（1）专业施工安装船舶。

（2）海上风电安装船自运吊装装备。

（3）自动化海缆敷设机器人。

（4）高性能打桩设备。

### 6.2.5 运营维护技术

（1）运维船舶。

（2）自主化水面无人船舶。

（3）无人直升机。

（4）高自持能力的水下机器人。

## 6.3 国家自然科学基金委员会相关建议

国家自然科学基金委员会根据国家发展科学技术的方针、政策和规划，有效运用国家自然科学基金，支持基础研究，坚持自由探索，发挥导向作用，发现和培养科学技术人才，促进科学技术进步和经济社会协调发展。海上风电工程经常面临台风、洋流、地震等恶劣的自然环境，复杂的荷载和动力等影响着工程结构的稳定性和可靠性，因此需要加强基础理论研究和设计计算理论与方法的创新，通过企业间的合作与协同，尽快实现关键理论上的突破，提出加强我国海上风电工程关键理论问题研究的相关建议。

### 6.3.1 加强基础理论研究

（1）水文分析的水动力模型、波浪模型。

（2）海底流沙移动影响与对策。

（3）海洋地质评价模型。

（4）模拟原型土工结构验证设计方案的数学模型。

（5）海上风电机组大直径单桩基础桩-土相互作用机理。

（6）土体循环弱化对基础设计的影响。

（7）结构与土的相互作用机理研究及技术设计。

（8）新型基础设计理论研究。

（9）海上风电基础结构设计理论研究。

（10）软土质海上风电大直径单桩基础设计理论和技术体系。

（11）海上风电机组桩式基础结构整体耦合分析方法。

（12）复杂环境荷载作用下全寿命失效机理与控制技术。

（13）荷载仿真技术。

（14）海上风电机组支撑结构的阻尼研究。

（15）复杂海洋环境荷载作用下的静、动力分析。

（16）基于整体耦合分析方法的海上风电机组结构地震破坏机理。

（17）海上风电机组结构全寿命期内的自振特性分析与疲劳损伤。

（18）桶-桩-土联合承载失效机理与设计控制指标体系。

（19）疲劳失效机理。

（20）深远海风电机组基础及电气平台结构动力失效机制。

（21）模块式升压站大变形条件下功能模块之间的连接可靠性研究。

（22）复杂荷载（强台风、下击暴流、海冰、地震、海啸）作用机理。

（23）极端灾害下结构的灾变机理。

（24）结构流固耦合动力分析（如结构、电机、风、流等激振颤振问题）。

（25）结构疲劳、动力稳定性分析。

（26）结构抗腐蚀机理及耐久性研究。

（27）桩-土-结构耦合作用分析。

（28）风电机组载荷-塔筒结构-基础结构-桩基-土体一体化分析理论与方法。

（29）风浪耦合作用下漂浮式风电机组动力响应的试验技术。

## 6.3.2　创新设计理论、方法与系统

（1）可靠度理论的应用。

（2）基于性能的设计方法。

（3）塔架/塔筒设计。

（4）基础设计。

（5）漂浮式结构设计。

（6）连接及节点设计。

（7）输电管缆设计。

（8）锚泊系统设计。

（9）海上升压站平台设计。

（10）海上风电机组塔筒-基础结构一体化设计。

（11）基础结构防船撞系统设计。

（12）远海风电送出系统的交互动态特性及稳定性研究。

（13）远海风电场多直流系统之间交互作用的稳定性研究。

（14）基于大数据分析的运维决策系统研究。

（15）基于大数据的风电机组故障智能诊断和预警系统。

（16）海上风电机组集成结构健康状态模型和损失识别研究。

（17）基于人工智能的运维决策系统。

（18）基于物联网的安全管控系统。

（19）风电场能效评估系统研究。

（20）海上风电行业的数字化智慧化平台生态体系和框架。

（21）深远海极端环境荷载中结构健康监测及预警。

## 6.3.3　重视企业间的协作创新

（1）行业联盟的协同创新研究。

（2）企业间合作机理研究。

（3）企业间合作的治理模式研究。

（4）产学研合作创新研究。

# 6.4 国家能源局相关政策

我国海上风资源区域分布不均衡，缺乏系统的风资源评估数据，给海上风电工程的科学规划、设计与建设带来了困难。在地震等作用下海床地基液化导致结构和电缆被破坏，而我国抗震设计规范缺失海上地震区及地震动参数建议。强台风会引起较大的波浪，引起的波浪会产生较大的波浪载荷，可以直接摧毁外部设备。台风导致施工的窗口期缩短，也给施工安全带来很大的挑战。在渤海和北黄海区域，海冰载荷往往成为支撑结构设计的重要载荷。杭州湾等区域是高流速潮流海洋，这些环境载荷具有较大的随机性和明显的动力特性，给支撑结构和机组设备正常及安全运行带来了很大挑战。我国沿海地区地质成因复杂、地质条件多变，加强基础数据调查研究对于海上风电工程的建设有着重要意义。

国家能源局负责起草能源发展和有关监督管理的法律法规送审稿和规章，拟订并组织实施能源发展战略、规划和政策，推进能源体制改革，拟订有关改革方案，协调能源发展和改革中的重大问题；组织制定煤炭、石油、天然气、电力、新能源和可再生能源等能源政策及相关标准；组织推进能源重大设备研发及其相关重大科研项目，指导能源科技进步、成套设备的引进消化创新，组织协调相关重大示范工程和推广应用新产品、新技术、新设备；负责能源行业节能和资源综合利用，参与研究能源消费总量控制目标建议，指导、监督能源消费总量控制有关工作，衔接能源生产建设和供需平衡；参与制定与能源相关的资源、财税、环保及应对气候变化等政策，提出能源价格调整和进出口总量建议；负责国家能源发展战略决策的综合协调和服务保障，推动建立健全协调联动机制。国家能源局可以从法律、监管体系、顶层规划等几个层面为海上风电工程技术的发展提供政策支持。

## 6.4.1 加强基础数据调查研究

（1）基于地理信息系统完善我国海域风能资源数据库。

（2）建立水文基础数据。

（3）健全风浪、流冰、地震、台风气象等基础数据。

（4）获取环境与荷载基础数据。

（5）调研基础数据的区域分布情况。

### 6.4.2　建立技术、数据共享系统

主要内容包括建立海上风力发电公共技术研究中心，促进基础性技术研究和分享，解决共性技术问题，提高海上风电技术的经济性。

### 6.4.3　重视顶层规划体系

（1）建立市场消纳机制。

（2）引导和支持区域统一规划、开发、设计勘察、建设，包括海上公共升压站和统一外送线路设计、深远海漂浮式风电场试验及规划建设。

（3）尽快出台我国海上风电组网规划，提前进行电网格局设计，做好配套电网的建设改造工作。

### 6.4.4　健全监督管理体系

（1）推进海上风电场设计、施工、防护一体化总承包建设体制。

（2）加强行业监管与评估，完善海上风电场项目认证制度。

（3）建立国家级风电机组检测认证基地。

（4）明确海上风电行业归口管理单位。

（5）对海上作业条件及安全提出更严格的要求，以利于改善作业条件和提供安全保障。

（6）改进、加强勘察单位的审查和作业监管，提高投标的技术门槛，避免低价竞标造成的不良影响。

（7）相关部门加强监管，在统一资源规划的同时，适当引导产业布局的标准及数量，适度竞争，避免造成大量厂房建设，产能严重过剩，造成产业空心。

（8）进一步完善海上风电产业链。

（9）推动海上风电安全电力生产及人员生命安全理念培训与推广，促进海上风电高效稳妥发展。

### 6.4.5 设立专项基金

（1）设立重大专项，增加投入，支持技术研发，解决重点技术问题，支持国际合作和技术引进。

（2）建设海上风电示范性工程，设立“深远海海上风电工程专项资金”。

### 6.4.6 完善法律体系

主要内容包括完善以《中华人民共和国可再生能源法》为核心的系列法律体系。

### 6.4.7 其他方面

（1）从海上风电设计、建造、施工、运行的标准规范角度，加快5G、BIM、大数据、物联网和人工智能等新技术在海上风电工程方面的应用。

（2）加强海洋水文、海底地形及海床地质、风资源数据流转到国外的风险管理。

（3）完善考虑环境影响、航行安全性、与渔业协调等因素的海上风电场选址综合评估体系。

（4）加快出台漂浮式平台基础、柔性直流输电、大容量单台机组、大直径机组叶轮、轻质+高强+大型+模块化风电机组叶片以及可靠性高的海底电缆等关键技术的鼓励指导政策。

（5）研发可靠性高的海底电缆。

（6）完善漂浮式风电场稳定输电并网技术。

## 6.5 财政部相关政策

2021年后海上风电中央财政补贴全部取消，财政部出台相应的过渡政策，以保证海上风电行业的转型发展。财政部可以出台完善我国海上风电产业财税政策的相关建议政策。

（1）完善海上风电产业的财税政策等政策体系。

（2）建立海上风电高新技术补贴制度。

（3）支持自主知识产权，加强研发投入的支持性财政政策。

## 6.6 其 他 建 议

海上风电行业的发展离不开人才的培养、学科的发展、团队的建设，也离不开多专业、多行业的协调与配合。

（1）推动相关学科发展：在教材建设、课程建设、专业设置上注重复合型人才培养。

（2）推进全产业链专业化人才体系建设。

（3）建设高水平科研团队和研究基地，建立国家重点实验室，针对急需解决的关键问题开展产学研合作。

（4）明确海上风电在学科和专业分类中的类别，加强人才培养与科研成果评价；制定对重点领域、重点企业及重点技术人才的奖励制度，提升关键岗位及紧缺人才的待遇水平。

（5）成立国家级海上风电工程技术创新联盟（团队），分多个子学科领域解决制约我国海上风电工程发展的核心技术问题，形成创新理论、标准体系，建造适合我国海洋环境的 10～12MW 风电机组的大型施工装备。

（6）多学科多专业协同参与海上风电场的研发、评估、设计、施工、运维，包括土木工程、机械工程、电气工程、船舶工程、信息工程等。

（7）建立海上风电产业园区，促进主机等生产制造企业、设计单位、建造和运维机构等进行一体化统一协调运作与运营，实现产业转型与升级。

（8）加强多部门跨行业协调：明确地方政府、自然资源部、军方的责任和管理权限，确保海域管理和政策保持联动协调与统一。

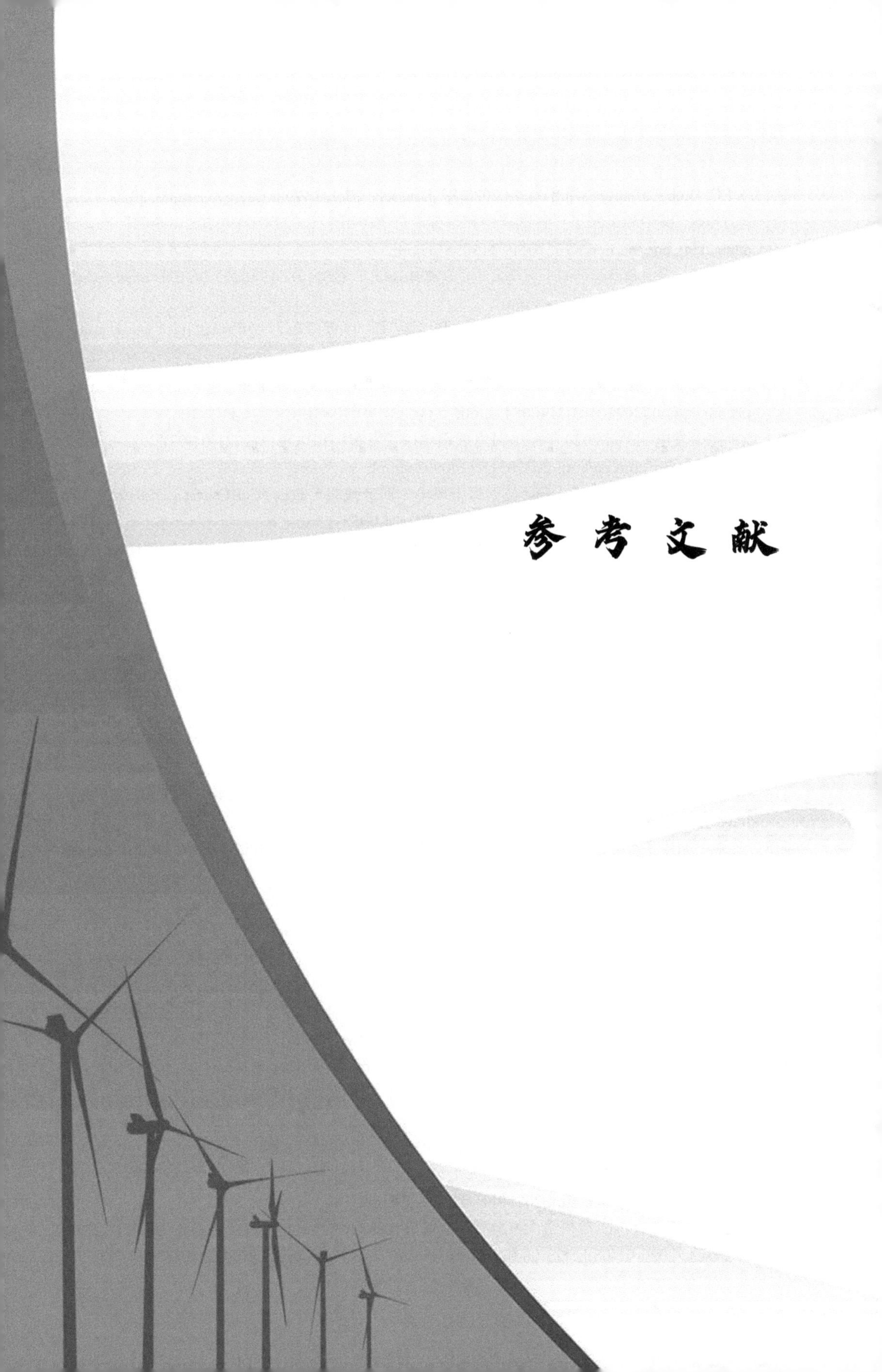

# 参考文献

[1] GWEC. Global offshore wind report 2020[R]. Brussels: Global Wind Energy Council, 2020.
[2] 电力传媒. 碳中和又来了！各国碳中和目标汇总[EB/OL]. (2021-01-19)[2023-06-02]. https://huanbao.bjx.com.cn/news/20210119/1130551.shtml.
[3] 千尧科技. 碳中和目标下海上风电发展的趋势[EB/OL]. (2021-03-15)[2023-06-02]. https://wind.in-en.com/html/wind-2399876.shtml.
[4] 欧洲海上风电. 六国共建海上风电大动脉[EB/OL]. (2021-04-23)[2023-06-02]. https://news.bjx.com.cn/html/20210423/1148942.shtml.
[5] 王林. 全球风电市场将开启 10 年高增长期[EB/OL]. (2021-04-07)[2023-06-02]. https://news.bjx.com.cn/html/20210407/1146084.shtml.
[6] 欧洲海上发电. 欧洲 2020 年海上风电成绩单权威发布！[EB/OL]. (2021-04-07)[2023-06-02]. https://news.bjx.com.cn/html/20210311/1140993.shtml.
[7] 欧洲海上发电. 影响未来十年，英国海上风电“产业战略”重磅发布[EB/OL]. (2019-03-14)[2023-06-02]. https://news.bjx.com.cn/html/20190314/968775.shtml.
[8] 北极星风力发电网. 杜涛: 2030 年实现 40GW——英国海上风电发展与投资机遇[EB/OL]. (2021-11-16)[2023-06-02]. https://news.bjx.com.cn/html/20211116/1188265.shtml.
[9] 欧洲海上风电. 2018 年全球漂浮式项目[EB/OL]. (2018-12-11)[2023-06-02]. https://news.bjx.com.cn/html/20181211/947916.shtml.
[10] 佚名. 英国的目标是大力发展海上风电[J]. 中外能源, 2019, 24(5): 103.
[11] 韦有国. 英国海上风电支持政策的最新动态[J]. 经济研究参考, 2017(12): 38.
[12] 孙一琳. 能源岛助海上风电点亮欧洲[J]. 风能, 2020(1): 72-73.
[13] 莫君媛. 英国海上风电产业政策研究[EB/OL]. (2020-01-09)[2023-06-02]. https://wind.in-en.com/html/wind-2367619.shtml.
[14] 曾鸣. 曾鸣: 英国新一轮低碳电力市场改革与启示(二)[EB/OL]. (2014-07-14)[2023-06-02]. https://news.bjx.com.cn/html/20140714/527485.shtml.
[15] 王林. 英国力推“2030 全民风电”计划[EB/OL]. (2020-10-14)[2023-06-02]. https://news.bjx.com.cn/html/20201014/1109549.shtml .
[16] 夏云峰. 2017 年上半年德国海上风电新增并网容量 640.6MW[EB/OL]. (2017-10-26)[2023-06-02]. https://news.bjx.com.cn/html/20171026/857594-1.shtml.
[17] 新能源海外发展联盟. 全球 10MW 级海上风机研发及进展情况[EB/OL]. (2020-07-17)[2023-06-02]. https://news.bjx.com.cn/html/20200717/1090048.shtml.
[18] 杨漾. 西门子歌美飒发布最大海上风机，重夺全球海上风电霸主地位[EB/OL]. (2020-05-21) [2023-06-02]. https://www.thepaper.cn/newsDetail_forward_7498243.
[19] 郭越, 杨娜. 欧洲海上风电发展与启示[J]. 海洋经济, 2013, 3(1): 58-62.
[20] 赵群, 柴福莉. 海上风力发电现状与发展趋势[J]. 机电工程, 2009, 26(12): 5-8.
[21] 胡毅. 深度报告丨丹麦、德国、英国、中国海上风电发展趋势分析[EB/OL]. (2018-09-04)[2023-06-02]. https://news.bjx.com.cn/html/20180904/925493-3.shtml.
[22] 丹麦能源署. 丹麦能源署发布《丹麦海上风电投标模型》[EB/OL]. (2021-01-15)[2023-06-02]. https://news.bjx.com.cn/html/20210115/1129899.shtml.
[23] 风能专委会 CWEA. 单机最大 9.5MW！全球最大商用海上风电机组在比利时海域正式发电[EB/OL]. (2020-01-06)[2023-06-02]. https://news.bjx.com.cn/html/20200116/1036802.shtml.

[24] 风能专委会 CWEA. 2020 年荷兰海上风电地图[EB/OL]. (2020-08-18)[2023-06-02]. https://news.bjx.com.cn/html/20200818/1097816.shtml.
[25] 荷兰驻华使馆. 荷兰的海上风能有多强？[EB/OL]. (2017-06-13)[2023-06-02]. https://news.bjx.com.cn/html/20170613/830906.shtml.
[26] 许移庆，张友林. 干货|漂浮式海上风电发展概述[EB/OL]. (2020-07-15)[2023-06-02]. https://news.bjx.com.cn/html/20200715/1089172.shtml.
[27] 欧洲海上风电. 油气强国转型 挪威政府开放 4.5GW 海上风电！[EB/OL]. (2021-08-30)[2023-06-02]. https://news.bjx.com.cn/html/20210830/1173376.shtml.
[28] 北极星风力发电网. 法国第一台海上风电机组正式开始并网发电[EB/OL]. (2018-09-25)[2023-06-02]. https://news.bjx.com.cn/html/20180925/930032.shtml.
[29] 欧洲海上风电. 运行 2 年 法国唯一浮式样机表现惊人[EB/OL]. (2021-02-03)[2023-06-02]. https://news.bjx.com.cn/html/20210203/1134331.shtml.
[30] 欧洲海上风电. 国内企业布局欧洲漂浮式风电“三大海缆巨头”齐聚全球首个半潜漂浮式海上风场[EB/OL]. (2019-04-04)[2023-06-02]. https://news.bjx.com.cn/html/20190404/972932.shtml.
[31] 北极星风力发电网. 周绪红院士：《风电结构研究新进展》[EB/OL]. (2019-07-22)[2023-06-02]. https://news.bjx.com.cn/html/20190722/994351.shtml.
[32] 欧洲海上风电. 抗冰先锋！带您走近芬兰首个海上风电场[EB/OL]. (2018-09-10) [2023-06-02]. https://news.bjx.com.cn/html/20180910/926751.shtml.
[33] 丽莎・狄尔里奇, 张慧. 海上风电场[J]. 风景园林, 2010(3): 62-65.
[34] 陈建东. 美国海上风电发展现状趋势及启示[J]. 改革与战略, 2014, 30(10): 129-134.
[35] 周锋, 黄磊, 王乾坤. 美国海上风电发展概述(市场篇)[J]. 风能, 2020(6): 40-44.
[36] 周锋，黄磊，王乾坤. 美国海上风电发展概述[EB/OL]. (2020-07-17)[2023-06-02]. https://news.bjx.com.cn/html/20200717/1089829.shtml.
[37] CWEA. 美国海上风电大跃进！拜登正式批准美国首个大型海风项目[EB/OL]. (2021-05-18)[2023-06-02]. https://news.bjx.com.cn/html/20210518/1152981.shtml.
[38] 中国石化新闻网. 美国将在大西洋和墨西哥湾扩大近海风力发电[EB/OL]. (2021-11-03)[2023-06-02]. https://news.bjx.com.cn/html/20211103/1185630.shtml.
[39] 贺庆, 金颖, 王乾坤. 美国海上风电发展概述(政策篇)[J]. 风能, 2020(5): 62-65.
[40] 韦有周，林香红，刘彬. 世界海上风电产业发展的态势及启示[J]. 经济纵横，2014(6): 87-91.
[41] 中国电力网. 美国推出发展海上风电新方案[EB/OL]. (2011-03-16)[2023-06-02]. https://www.ccchina.org.cn/Detail.aspx?newsId=25870&TId=58.
[42] 陈建东，王晶. 全球海上风电发展及其对美国的最新影响[J]. 全球科技经济瞭望，2015(10): 48-54.
[43] 舟丹. 美国大力支持浮式海上风电发展[J]. 中外能源, 2020, 25(2): 21.
[44] 离岸工程网. 日本计划安装高达 45GW 海上风电[EB/OL]. (2020-12-18)[2023-06-02]. https://news.bjx.com.cn/html/20201218/1123557.shtml.
[45] 王志新, 王承民, 艾芊, 等. 近海风电场关键技术[J]. 华东电力, 2007(2): 37-41.
[46] 荒川忠一, 武黎. 日本的海上风电[J]. 上海电力, 2007(2): 160-162.

[47] 祁华. 海上风电项目风险研究[J]. 住宅与房地产, 2019(6): 236.
[48] 新能情报局. 可再生能源发电比例上调 15%！韩国光伏储能将获大发展[EB/OL]. (2019-04-23)[2023-06-02]. https://news.bjx.com.cn/html/20190423/976518.shtml.
[49] 新能源海外发展联盟. 越南海上风电进展研究[EB/OL]. (2020-07-09)[2023-06-02]. https://news.bjx.com.cn/html/20200709/1087553.shtml.
[50] 乌吉尔. 中国海上风电装机紧追英国 跃居全球第二！[EB/OL]. (2021-03-16)[2023-06-02]. https://news.bjx.com.cn/html/20210316/1141858.shtml.
[51] 国家能源局. 2021 年二季度网上新闻发布会文字实录[R]. 北京: 国家能源局, 2021.
[52] 刘林, 葛旭波, 张义斌, 等. 我国海上风电发展现状及分析[J]. 能源技术经济, 2012(3): 66-72.
[53] 江望月. 预见：2019 年中国风电产业全景图谱[EB/OL]. (2019-01-31)[2023-06-02]. https://news.bjx.com.cn/html/20190131/960751.shtml.
[54] 能者说 EnergySpeaker. 我国首个陆地 5MW 级风电整机智能装备基地首台机组下线[EB/OL]. (2020-07-24)[2023-06-02]. https://wind.in-en.com/html/wind-2388988.shtml.
[55] 三航新能源. 亚洲首次实施海上风电大直径单桩浮运[EB/OL]. (2020-07-30)[2023-06-02]. https://news.bjx.com.cn/html/20200730/1093289.shtml.
[56] 澎湃新闻. 中国首座浮式海上风电半潜式基础平台在浙江舟山装船下水[EB/OL]. (2021-06-11)[2023-06-02]. https://www.thepaper.cn/newsDetail_forward_13097685.
[57] 直播阳江. 三峡能源：全球首台抗台风型漂浮式海上风机成功并网发电[EB/OL]. (2021-12-08) [2023-06-02]. https://it.sohu.com/a/506510935_100175918.
[58] 上海电气. 打响海上风电平价“第一枪”！上海电气 W6.5F-185 样机顺利下线[EB/OL]. (2021-03-30)[2023-06-02]. https://news.bjx.com.cn/html/20210330/1144756.shtml.
[59] 北极星风力发电网. 重磅！2020 年中国风电行业深度报告发布[EB/OL]. (2021-03-22) [2023-06-02]. https://news.bjx.com.cn/html/20210322/1143271.shtml.
[60] 国家能源局. 我国海上风电并网容量突破千万千瓦[EB/OL]. (2021-05-26)[2023-06-02]. http://www.nea.gov.cn/2021-05/26/c_139970677.htm.
[61] 国家能源局. 国家能源局：1-9 月海上风电新增并网装机 382 万千瓦！[EB/OL]. (2021-11-09)[2023-06-02]. https://news.bjx.com.cn/html/20211109/1186734.shtml.
[62] 自然资源部. 自然资源部：前三季度海上风电新增并网容量同比增 166%[EB/OL]. (2021-11-12) [2023-06-02]. https://news.bjx.com.cn/html/20211112/1187531.shtml.
[63] 戴显康. 国内首个！三峡江苏如东海上风电柔直项目海上升压站安装完成[EB/OL]. (2021-04-25)[2023-06-02]. https://news.bjx.com.cn/html/20210425/1149173.shtml.
[64] 三峡新能源. 走进国内首个柔直海上风电项目[EB/OL]. (2021-05-12)[2023-06-02]. https://news.bjx.com.cn/html/20210512/1152042.shtml.
[65] 北极星风力发电网. 中国各地区海上风电规划分析[EB/OL]. (2021-11-08)[2023-06-02]. https://news.bjx.com.cn/html/20211108/1186502.shtml.
[66] 姚中原. 我国海上风电发展现状研究[J]. 中国电力企业管理, 2019(22): 24-28.
[67] 董旭光, 张秀芝, 刘焕彬, 等. 山东北部沿海风随离岸距离的变化规律[J]. 资源科学, 2011, 33(7): 1317-1324.
[68] 虞飞. 目标成本法在风电项目投资中的应用[J]. 企业改革与管理, 2019(18): 51-52.

[69] 刘晋超. 海上风电施工窗口期对施工的重要性[J]. 南方能源建设, 2019, 6(2): 16-18.
[70] 刘庆辉, 陆海强. 浅析海上风电施工安全管控[J]. 南方能源建设, 2020, 7(1): 128-132.
[71] 武东宽. 海上风电项目进度管理案例研究[D]. 北京: 华北电力大学, 2019.
[72] 方子炜. 海上风电项目技术经济及融资策略分析[J]. 船舶物资与市场, 2020(2): 47-48.
[73] 陈晓明, 王红梅, 刘燕星, 等. 海上风电环境影响评估及对策研究[J]. 广东造船, 2010, 29(6): 26-31.